我的动物朋友

凶禽猛兽的

风采

★ ★ ★ ★ ★

体验自然，探索世界，关爱生命——我们要与那些
野生的动物交流，用我们的语言、行动、爱心去关怀理
解并尊重它们。

延边大学出版社

图书在版编目（CIP）数据

凶禽猛兽的风采 / 侯红霞编著 . —延吉 : 延边大
学出版社 , 2013 . 4（2021 . 8 重印）
（我的动物朋友）
ISBN 978-7-5634-5545-4

Ⅰ . ①凶…　　Ⅱ . ①侯…　　Ⅲ . ①动物—青年读物 ②动物
—少年读物　Ⅳ . ① Q95-49

中国版本图书馆 CIP 数据核字 (2013) 第 087667 号

凶禽猛兽的风采

编著：侯红霞
责任编辑：孙淑芹
封面设计：映像视觉
出版发行：延边大学出版社
社址：吉林省延吉市公园路 977 号　邮编：133002
电话：0433-2732435　传真：0433-2732434
网址：http://www.ydcbs.com
印刷：三河市祥达印刷包装有限公司
开本：16K　165×230
印张：12 印张
字数：120 千字
版次：2013 年 4 月第 1 版
印次：2021 年 8 月第 3 次印刷
书号：ISBN 978-7-5634-5545-4
定价：36.00 元

前　言

　　人类生活的蓝色家园是生机盎然、充满活力的。在地球上，除了最高级的灵长类——人类以外，还有许许多多的动物伙伴。它们当中有的庞大、有的弱小，有的凶猛、有的友善，有的奔跑如飞、有的缓慢蠕动，有的展翅翱翔、有的自由游弋……它们的足迹遍布地球上所有的大陆和海洋。和人类一样，它们面对着适者生存的残酷，也享受着七彩生活的美好，它们都在以自己独特的方式演绎着生命的传奇。

　　在动物界，人们经常用"朝生暮死"的蜉蝣来比喻生命的短暂与易逝。因此，野生动物从不"迷惘"，也不会"抱怨"，只会按照自然的安排去走完自己的生命历程，它们的终极目标只有一个——使自己的基因更好地传承下去。在这一目标的推动下，动物们充分利用了自己的"天赋异禀"，并逐步进化成了异彩纷呈的生命特质。由此，我们才能看到那令人叹为观止的各种"武器"、本领、习性、繁殖策略等。

　　例如，为了保住性命，很多种蜥蜴不惜"丢车保帅"，进化出了断尾逃生的绝技；杜鹃既不孵卵也不育雏，而采用"偷梁换柱"之计，将卵产在画眉、莺等的巢中，让这些无辜的鸟儿白费心血养育异类；有一种鱼叫七鳃鳗，长大后便用尖利的牙齿和强有力的吸盘吸附在其他大鱼身上，靠摄取寄主的血液完成从变形到产卵的全过程；非洲和中南美洲的行军蚁能结成多达1000万只的庞大群体，靠集体的力量横扫一切……由此说来，所谓的狼的"阴险"、毒蛇的恐怖、鲨鱼的"凶残"，乃至老鼠令人头疼的高繁殖率、蚊子令人讨厌的吸血性等，都只是自然赋予它们的一种独特适应性而已，都是它们的生存之道。人是智慧而强有力的动物，但也只是自然界的一份子，我们应该用平等的眼光去看待自然界中的一切生灵，而不应时刻把自己当成所谓的万物的主宰。

人和动物天生就是好朋友，人类对其他生命形式的亲近感是一种与生俱来的天性，只不过许多人的这种亲近感被现实生活逐渐磨蚀或掩盖掉了。但也有越来越多的人，在现实生活的压力和纷扰下，渐渐觉得从动物身上更能寻求到心灵的慰藉乃至生命的意义。狗的忠诚、猫的温顺会令他们快乐并身心放松；而野生动物身上所散发出的野性特质及不可思议的本能，则令他们着迷甚至肃然起敬。

衷心希望本书的出版能让越来越多的人更了解动物，更尊重生命，继而去充分体味人与自然和谐相处的奇妙感受。并唤起读者保护动物的意识，积极地与危害野生动物的行为作斗争，保护人类和野生动物赖以生存的地球，为野生动物保留一个自由自在的家园。

编　者

2012.9

凶禽猛兽的风采

目 录

第三章　　原野主宰——陆地凶猛动物

第四章　其他凶猛动物

第一章

深海猎杀——海洋凶猛动物

现为人知的海洋动物有 16~20 万种，它们形态各异，包括微观的单细胞原生动物，高等哺乳动物——蓝鲸等；其分布非常广泛，从赤道到两极海域，从海面到海底深处，从海岸到超深渊的海沟底，都有其代表。但最令人恐惧的是那些凶猛的海洋动物。它们均具有非常可怕的进攻性，并捕捉比它们弱小的海洋动物作为自己的美餐，有时候它们彼此之间也会为了食物和领地而进行厮杀，甚至攻击人类并给人类带来巨大伤害或者死亡。

"间谍跳"——灰鲸

中文名：灰鲸

英文名：Grey whale

别称：克鲸、腹沟鲸鱼

分布区域：北太平洋、北大西洋、北美洲沿海、日本海以及中国的黄海、东海、南海等温带海域

　　人们最为熟知的灰鲸，是所有须鲸亚目中距海岸最近的种群，在距海岸1千米处最为常见。灰鲸对沿海水域的执著，使它们更接近于墨西哥礁湖养殖场的人类。正是因为灰鲸的这一特性，所以，在它们游过加利福尼亚海岸时会引来数千人观看。

　　灰鲸每年都要进行迁移。在秋季和春季，灰鲸会沿着北美洲的西海岸按照一定的行程迁移，夏季在北极水域进食，冬季从墨西哥进入加利福尼亚州受保护的礁湖生产。灰鲸的迁移路程可能是所有哺乳动物中最远的，某些个体成员每年都要从北极的浮冰区迁至亚热带水域或更远的水域，总行程高达2.04万千米。

　　灰鲸在世界上的数量已为数不多。但它们却是所有鲸类之中遭寄生情况最为严重者之一。常见的灰鲸平均体长大约是12米，但最长能长到15米。其皮肤颜色呈斑驳的深灰色至浅灰色。有大量的藤壶和鲸虱寄生在它们身上。藤壶主要分布在灰鲸相对较短的弓形头部上面、呼吸孔周围，以及背的前部。已在灰鲸身上发现了1种新的藤壶种群和3种新的鲸虱种群。

　　灰鲸有着奇特的外形。它没有背鳍，但是沿着背部的后面1/3处，却长

有由8~9个隆起组成的背脊。灰鲸的鲸须呈白色，与其他须鲸相比更粗更短，长度从未超过38厘米，这是因为灰鲸在捕捉猎物时鲸须被海底沉积物拉断了，而其他鲸类的鲸须仅会被水底柱状物缠绕。灰鲸喉部的下方长着2个纵向的凹槽，约2米长，间隔为40厘米。这些凹槽可以在进食时扩展开口，使嘴张得更大，以便使灰鲸能够吃到更多的食物。

　　灰鲸不仅外形奇特，它们的迁移速度也非常快，它们在迁移的时候速度可以达到每小时8千米，但有外在压力时，它们的时速能够达到20千米。迁移的灰鲸平稳地游动，每隔3~4分钟，浮出水面呼吸3~5次。水柱粗短，2个呼吸孔同时呼吸时，水柱呈叉状。当灰鲸完成一连串的呼吸潜入水中时，尾鳍经常会露出水面。

　　灰鲸能够发出咕噜声、脉冲声、滴答声、呻吟声，以及敲击声，在加利福尼亚州的礁湖中，幼崽还会发出共振脉冲，以引起母亲的注意。但是灰鲸所发出的这些声音并不复杂，不像其他鲸类所发出的声音那样具有社交价值。关于它们大部分通讯信号的准确含义，目前还处于未知状态。

　　青春期对于灰鲸来说，是十分重要的。大约在8岁时，灰鲸就会进入青春期，此时，雄性的平均体长是11.1米，雌性则为11.7米，它们的生理完全发育成熟是在40岁左右。和其他须鲸一样，雌性要比雄性更大一些，可能是为了满足怀孕与哺育幼崽时较高的生理需求。雌性每隔1年会生产1次，在经历一年多的妊娠期之后，会生出一只约为4.9米长的幼崽。

北极水域气候十分寒冷，尤其是到了冬季，灰鲸捕食的区域就会全面结冰。它们就不得不南迁至受保护的礁湖，而雌性则会在礁湖中生产。幼崽在5~6周之内相继出生，生产高峰大约出现在1月10日左右。幼崽刚出生时，身上的鲸脂很薄，不足以抵御冰冷的北极水域，但是在温暖的礁湖中，它们会苗壮成长。幼崽出生后的头几个小时，其呼吸、游动都不协调，很费气力。雌灰鲸为了呵护自己的孩子，就会用背部或尾鳍，将幼崽撑到水面，以帮助其呼吸。幼崽的哺乳时间为7个月左右，最初是在水深有限的礁湖之中，在那里，它们会实现运动协调，也许还会形成母亲—幼崽的必要组合，以便一起向北迁移至避暑区，它们会在避暑区断奶。当幼崽到达北极时，已经将哺育其成长的母鲸的乳汁转化成了厚厚的隔热鲸脂。随着幼崽慢慢长大，它们已经开始学会游泳。当5月下旬至6月它们到达白令海时，都已变成了游泳能手，此时，它们会充满活力地游离母亲。

　　灰鲸的迁移方向与其动作有一定的关系。因为迁移线路紧沿海岸，所以灰鲸可以待在浅水区轻松地游动，并且始终保持陆地在其左边或右边，这取决于它们是向北迁移还是向南迁移。沿着迁移线路游动时，灰鲸经常会做出"间谍跳"。为了做出间谍跳的动作，灰鲸需要把其头部直戳出水面，然后沿着身体的水平轴线慢慢地沉落。这个动作与"突跃"完全不同，"突跃"是指灰鲸将其半个身子甚至更大的部分露出水面，然后向其侧面沉落，溅起巨大的水花。灰鲸的间谍跳很可能是用于观察临近的海岸，以确定迁移方向。

　　在繁殖区中，雄性与快成年的灰鲸常常会聚集在礁湖的湖口周围，在那里滚动、打转，发生性行为，而母亲与幼崽则会待在礁湖内侧较浅的水域。在北极，会有100只或更多的灰鲸聚集在大体相同的水域一起进食。

　　灰鲸的天敌是虎鲸。人们已经观察到了数次这种袭击活动：虎鲸通常会向带着幼崽的群落发起进攻，大概是想要捕杀防御能力相对较弱的幼崽。虎鲸主要会攻击灰鲸的唇部、舌头以及尾鳍，因为这些地方最容易被咬住。在遇到危险时，成年灰鲸会把自己置于虎鲸与幼崽之间进行防御。当遇到进攻时，灰鲸会游向浅水区布满海藻的近海岸处，而虎鲸此时会犹豫不决。当虎鲸的声音在水下不停地回荡时，灰鲸的反应是迅速游离虎鲸或是通过厚厚的水藻寻求庇护。

南极精灵——海豹

中文名：海豹

英文名；seal

分布区域：遍布整个海域，南极沿岸数量最多

  海豹生长在冰天雪地的南极里，其后肢恒向后伸，不能朝前弯曲，在陆上不能步行、跳跃，只能像虫子一样向前蠕动。18种海豹中，斑海豹体色斑驳，髯海豹触须多而长，鞍纹海豹黑斑像鞍，带纹海豹如体被白色缓带，僧海豹头形宛似僧头，象海豹囊鼻如象，豹形海豹性凶猛似豹，食蟹海豹因爱吃磷虾而得名，威德尔海豹和罗斯海豹栖于南极，还有的因栖于贝加尔湖而称贝加尔海豹。其中最大的要数南象海豹，雄性南象海豹体长6.5米，重4000千克，按大小来说居于鳍脚类之冠。潜水最深的要算威德尔海豹，能下潜600米，持续73分钟。最凶猛的要算豹形海豹，它的头似蛇，口很大，能吃企鹅、其他海豹甚至噬食鲸类。在所有的海豹中，分布最广的要算斑海豹，太平洋、大西洋都有，按照分布区域的不同，它们被定为5个亚种。

  斑海豹主要见于渤海与黄海北部，其头形似狗，我国东北地区至今仍俗称其为海狗，古时也称膃肭兽，即肥胖之意。《广东通志》云："海狗纯黄，形如狗，大如猫，常群游背风沙中。遥见船行则没海，渔以技获之，盖利其肾也。"斑海豹身体粗壮，长可达2米，重120千克。斑海豹有超强的潜水本领，最大能潜到300米深，持续23分钟，以鲐鱼、黄花鱼及乌贼等为食。渤海是其繁殖区之一。每年冬季，它们纷纷游向渤海湾北部辽河口一带，爬上浮冰。

立春前后，小海豹在凛冽的北风中降生，身被白毛，这使它在冰雪背景中不易被发现。

　　小海豹的一身白毛，使它们能够免于敌害的侵袭。它们体内的褐色脂肪，还能够使它们具有惊人的抗寒能力。有4种海豹即威德尔海豹、罗斯海豹、食蟹海豹和豹形海豹，其生活周期都是在南极度过的，被称作南极海豹。它们多是冰上产崽，南极的气温低到年平均−56℃左右，小海豹从体温37℃的母体子宫里突然来到这个冰天雪地的寒冷世界，温度骤降，它们虽然会冷得瑟瑟发抖，但不会被冻死。在它们体内有一种褐色脂肪，这是一种特殊高效的能源，氧化以后可以产生大量热量。约1个月后，小海豹体内积累了一定量的脂肪，体温调节机制也就逐渐建立起来了。

海底除草机——海牛

中文名：海牛
英文名：Donis
别称：美人鱼
分布区域：亚马孙河

　　海牛是唯一的食草性海洋哺乳动物，其食量大得惊人，每天可以食用相当于自身体重5~10%的水草，因此被人们称为水中"除草机"，这完全得益于它们强大的消化系统。

海牛是非反刍类食草动物，它们没有分隔开的胃。它们的肠子极其长（海牛的肠超过45米），在大肠与小肠之间还有巨大的中肠盲肠，末端闭合且分支成对。纤维素细菌消化在消化道后部进行，使得它们都能够消化大量的质量相对较差的草料，以便能够得到所需的足够的能量与营养。

海牛虽然身躯庞大，但是消耗的能量却很少，仅会消耗同等重量哺乳动物的1/3左右。海牛这种缓慢无力的动作会使早期的水手联想到大海中的美人鱼与海妖。海牛在被追击的时候，它们能够快速移动，但是在没有人类的环境下，它们几乎没有其他的掠食者，所以速度对它们来说无关紧要。生活在热带水域的海牛，其新陈代谢速率很慢，因为它们只会花费很少的能量来调节体温。

海牛的体型很特别。它们与儒艮的主要区别在于其硕大的、水平的、船桨形的尾巴，尾巴在其游动时上下摆动。它们只有6节颈椎，而其他所有的哺乳动物都有7节。唇部被僵硬的鬃毛所覆盖，长着2个发射肌，用于取食时把草类和水生植物送入口中。

海牛有良好的听觉器官。这是由于大海的周围环境以及热噪音曲线形成的。因为在浅水中，低频声音的传播会受到限制。而海牛的眼睛并不能很好地适应海洋环境，尽管海牛也长有外耳穴，但是却很小。为了适应浅水环境中高频噪音的传播，它们的听觉就会变得异常敏感。

海牛对低频噪音的不敏感性，可能是海牛无法有效探测船只噪音并避免与之碰撞的原因。它们不用回声定位或声呐，也许在幽暗的水中会碰到障碍物；它们也没有声带。即使如此，它们确实是通过发声法在进行交流，也许是通过高音的唧唧声或吱吱声；至于它们是如何发出这些声音的，至今仍然是未解之谜。

海牛的味觉异常灵敏。海牛舌头上长有味蕾，用于挑选食用植物；它们也能够通过"品尝"目标物的独特气味特征，识别出其他的个体成员。海牛与有齿鲸不同，它们仍然长有嗅觉脑器官，但是因为它们大部分时间都闭合鼻管待在水下，所以这种感官可能还没有被使用过。

在水中，海牛可以利用它们高度发达的鼻口与肌唇，通过触觉开拓周围的环境。它们鬃毛状毛发的触觉分辨能力不如鳍足类动物，但是却比亚洲象的象鼻敏感得多。这提高了它们的食草效率，而且发挥了海牛作为全能掠食者的最大潜力。

海牛有极强的自我保护能力。海牛可以把大量脂肪以类似鲸脂的形式储存于皮下和肠周围，能够在其生活环境中起到一定热防护的效果。尽管如此，大西洋海牛一般会避免待在温度低于20℃的环境中。脂肪也会帮助它们度过很长的禁食期——在干旱的季节，没有水生植物可以食用时，亚马逊海牛的禁食期会长达6个月之久。

在陆地草场上，有很多食草动物，需要对资源进行复杂的划分，在海草牧场上，大型的食草动物当属海牛和海龟。海洋植物群落的多样性少于陆地植物群落。当海龟和海牛食用根深蒂固的水生植物时，会挖掘沉积物，这点毫不稀奇，因为一半以上的海草养分都在根茎处，这里集结了糖类。而冷血的海龟则恰恰相反，它们依靠食用海草的叶片生存，而非根茎，而且会在更深的水域进食。因此，在觅食方面，即使是食草的海龟也不太可能与海牛发

生激烈的竞争。

　　海牛作为水生食草动物，由于其种类不同，摄取的草类也不同。据记载，西印度海牛的食物包括44种植物以及10种海藻，但亚马逊海牛只有24种食物。它们仅局限于在水中或近水处觅食。它们进食时，偶尔会把头部和肩部露出水面，但它们通常只食用漂浮或淹没于水中的植物以及其他维管植物。它们也会食用海藻，但海藻并不是其食物的主要组成部分。沿海的西印度海牛和西非海牛食用的海草生长于相对较浅、较清澈的海域，它们也会进入内陆水域食用淡水植物。亚马逊海牛是水面掠食者，以漂浮水草为食（幽暗的亚马孙河水抑制了淹没于水中的水生植物的生长）。这种食用水面植物的习惯，就是亚马逊海牛朝下的吻部短于西印度海牛和西非海牛这种水底掠食者种群的原因。

　　海牛所食用的多数植物都带有反食草动物的保护机制——水草长着无水硅酸骨针，而其他植物则带有丹宁酸、硝酸盐以及草酸盐，这让这些植物变得难以消化，并降低了其食用价值。但海牛消化道内的细菌能够分解部分化学防御。

海洋杀手——大白鲨

中文名：大白鲨
英文名：Great white shark
别称：噬人鲨
分布区域：大洋热带及温带区

大白鲨外形非常吓人，是海洋里最凶猛的掠食者之一。在它骇人外形的背后，隐藏着许多令人惊讶的秘密。

大白鲨的身体并非纯白色，而是背部呈灰黑色，腹部呈灰白色。从上面看，它的背部与水融为一体，而从下方看，灰白的肚皮也与透光的水面很相似，因此，它的身上，有上下两重保护色。大白鲨没有鳞，它的皮肤像泥鳅一样光滑。然而实际上，它的身体表面遍布细小的倒刺，粗糙程度甚于砂纸，人如果被这样庞大的身体轻轻一蹭的话，很轻易便会皮破血流。

大白鲨粉红色的牙床上，上下部长有错落的尖牙，虽不密集，但杀伤力巨大。大白鲨的牙齿也有很多奥秘，不仅极其锋利，而且牙齿的背面还有很多倒刺，这样一来，只要猎物被咬住，便不会有从大白鲨口中挣脱的可能。大白鲨的撕咬能力是人的300倍，可以轻易地将食物咬断。

大白鲨换牙也被人们认为是一大奇事，由于频繁使用，大白鲨的牙齿很快会损耗脱落，而一旦前面的牙齿掉下，后面很快有备用的补上。大白鲨任何时候都在换牙，它们一生换下的牙齿成千上万，正因这些前仆后继的牙齿，大白鲨才得以横行海洋，所向披靡。

　　大白鲨是世界上最大的食肉鱼类，除了虎鲸，在海洋中便没有敌手，它们的猎食能力在同类中堪称翘楚。大白鲨非凡的捕食能力与它敏锐的感官有着密切的联系。它们的耳朵藏在颅骨内，可以听到很远处传来的动物声响，而它们的嗅觉也十分惊人，能够捕捉到1000米外被稀释500倍的血液所发出的气味，然后，以每小时40千米的速度赶来。海明威最负盛名的小说《老人与海》中，年迈的渔人所钓得的大马林鱼便是被一群循着血腥味赶来的鲨鱼啃食殆尽的。

　　大白鲨对未知事物怀有强烈的好奇心，这种心理会使它上前试探。牙咬是最常见的试探方式。许多大白鲨的伤人事件都是在这种情况下发生的。当然，也不排除它们将潜水员或者冲浪板当做海豹的可能。

　　大白鲨最喜欢的食物是海豹，而它们与虎鲨有一样的好胃口，会吞吃嘴边的一切东西，即使钢笔、玻璃瓶和汽车牌照这样的硬物，也能被大白鲨吞入胃里。大白鲨胃的内壁有厚厚的保护层，避免受到吞入腹中的尖锐物体的伤害，所以它们才能肆无忌惮地张口就吃。

　　大白鲨是卵胎生的动物，即雌性大白鲨的卵会在子宫内继续发育并孵出小鲨，小鲨在母体中发育成型后才会降临到这个世界上，刚出生的小白鲨有1.5米长，而一头雌性大白鲨一次最多可以产14头小鲨。

　　许多人钟情于大白鲨的尖牙、巨大的双颚以及鳍，这使得对大白鲨的屠杀一直在持续。目前，人们尚不清楚自然界中大白鲨的确切数目，但可以肯定的是，如果屠杀大白鲨的行为得不到禁止，其处境将会岌岌可危。

鲨中之霸——虎鲨

中文名：虎鲨

英文名；Heterodontus

分布区域：除地中海和大西洋外，其他大洋都有分布

　　虎鲨是一种大型海洋食肉动物，性格凶猛异常，身上长着跟虎皮相似的独特条纹图案。

　　虎鲨生活在靠近海底的水层，通常在热带浅水区出现，有时人们还能在白天看到虎鲨浮在水面上晒太阳，身体呈流线型，尾巴好像箭尾一样能够灵活控制方向。身体粗大而短，头高近方形，鼻子长在头部的前部，看起来就

像猪的鼻子。它的口平横，上下唇褶发达；上下颌牙同型，每颌前后牙异型，前部牙细尖，后部牙平扁，臼齿状；喷水孔很小，位于眼后下方；鳃孔5个，最后3~4个位于胸鳍基底上方；有臀鳍，尾鳍宽短，胸鳍宽大，还有2个有硬棘的背鳍。一岁的虎鲨体长达38厘米，最大的成年虎鲨体长约9米，体重可达1吨。

古生代石炭纪就有虎鲨的化石记录，中生代时虎鲨最为繁盛，到新生代逐渐衰落。原始的虎鲨身体笨重，主要栖息在海底，以贝类及甲壳类动物为食，体长可以达到1.5米。其体色为黄色并有黑色横纹，这是虎鲨保护自己、防御敌害的保护色。虎鲨每次产卵2枚，卵有螺旋瓣的圆锥形角质囊，卵囊末端曳有长丝，借以固定于附着物上。

虎鲨是鲨鱼家族中仅次于食人鲨的凶猛残忍的食肉动物，同时还是为数最多的鲨鱼，在攻击人类的记录中，它们的攻击次数也仅次于大白鲨。虎鲨主要以无脊椎动物如海胆及甲壳动物为食。但跟大白鲨一样，虎鲨的胃口又大又杂，一点都不挑食，几乎所有它们能见到的东西都能写上它们的菜单，如鱼类、乌贼、海鸟、小型海兽、软体动物、甲壳类动物、动物尸体，以及酒瓶、空罐头、塑料瓶、车辆牌照、橡胶轮胎等。虎鲨拥有良好的视力和嗅觉，无论是远处鱼群游水时引起的水流波动，还是动物们藏身之处电磁场的细微变化，它们都能感觉到。当它们饥饿时，只要发现移动的物体，虎鲨就会紧追不舍，伺机发动攻击。

虎鲨的牙齿几乎无坚不摧，猎物只要被它们咬上一口，非死即伤。而且跟其他鲨鱼一样，虎鲨的牙齿总在不停地更替，一旦牙齿磨蚀掉，新的牙齿就会重新长出来。它们的牙床上总能长出新牙，一旦前面的牙齿老化或者受伤掉了，后面的牙齿就会自动补上。

虎鲨是卵胎生动物，一次可以产下30~40多枚卵，最多的可以产下84枚卵。雌虎鲨经过16个月漫长的怀孕期，就可以产下小虎鲨了。刚出生的小虎鲨就长着一口锋利的牙齿。

虎鲨信奉"适者生存"的法则，天生为杀戮而生，它们的杀戮本性从它们成型那天起就显露无遗。据说一条雌虎鲨一次可以怀400~500个胎儿，但到最后能够存活出生的幼虎鲨却仅有十几条，甚至更少。因为鱼卵一旦孵化成仔鱼，就意味着虎鲨杀戮生涯的开始。这四五百条幼虎鲨经过互相厮杀、蚕食，到最后只有少数几个胜利者才能出生。有位生物学家在解剖怀孕的雌虎鲨时，就曾被那还未出世的小虎鲨仔鱼咬了一口。

海中狮王——海狮

中文名：海狮

英文名：Steller sea lion

分布区域：北太平洋的寒温带海域，中国的黄海海域和渤海海域

海狮是一种海洋哺乳动物，属于鳍足目、海狮科动物。海狮的四肢全部呈鳍状，后肢能转向前方以支撑身体的重量，有耳壳、尾巴，但是已经退化得很短，身体上全是粗毛，细毛非常稀少。海狮的身体随种类的不同而有所不同，雄海狮体长2.5~3.3米，而雌海狮的体型相对较小。因为它们的面部长得非常像陆地上的狮子，所以被人类称为"海狮"。

海狮的种类较多，在地球上分布也很广泛。人们已知的海狮已经有14种。这些海狮大致可分为两类：一类体型较大，身上有的披着稀疏的刚毛，有的有极少的绒毛或者根本没有毛，这样的海狮共有5种，北海狮和南海狮就属于此类；另外9种海狮体型很小，身上有刚毛和厚密的绒毛，如生活在北太平洋的海狗就属这一类。

海狮也是活动在广阔的海洋中的食肉类猛兽之一，主要以鱼、乌贼、蚌、海蜇等为食，也常吞食小石子。海狮们每天都要为寻找食物而到处漂游，所以它们没有固定的栖息地点。海狮长得粗壮，这与它们惊人的食量是分不开的。一头海狮一天要吃40千克的鱼。它可以一口吞下一条将近2千克重的大鱼。在自然条件下生活的海狮，因为活动量比饲养的大很多，它们的食量也会相应增加一倍多。

海狮不仅食量很大，而且胆子也很大。它敢于在渔民的鱼网中钻来钻去，抢夺收获果实，然后撕坏鱼网逃跑。因此，在渔民眼中，海狮并不受欢迎。

每年的5~8月，一只雄兽海狮和十几只雌兽海狮组成一雄多雌群体进行繁殖后代的活动。

这段时间，首先是威猛的雄兽海狮提前到达岸边占领繁殖场所，在海滩上或岩礁上划分领地。然后大量的雌兽海狮才会赶来，其壮观的景象将海岸装点得十分热闹。雄兽海狮们先是立在海滩上，用十足的热情来欢迎雌兽海狮的到来，继而彼此之间展开拼命争抢配偶的战争，其中越是体型威武、本领高强的雄兽海狮，抢到的雌兽海狮的数量就越多，最后在海滩上形成许多由一雄多雌组合的"独立王国"，它们被叫做"生殖群"或"多雌群"。

但是，一旦生殖群形成后，雌兽海狮并不立刻与雄兽进行交配，因为雌兽海狮们都已经怀胎很久，即将分娩，所以雄兽海狮要先做好"生儿育女"的准备，待雌兽海狮们生下幼崽一周之后，才开始与它们进行交配，等到它们受孕以后，到翌年繁殖期到来时再次生产幼崽。一般雌兽海狮在一个繁殖

期内需要交配1~3次，而且是生产之后交配时间早晚与受精率的高低之间形成正比关系。

每只雌兽海狮在受孕之后就马上退出多雌群，返回海中，而其他未经交配的雌兽海狮也会陆续补充到这个生殖群里来。在长达5~6周的繁殖期间，雄兽海狮一直都不下海活动，也不吃不喝，每天还要交配多达30次，而且每次交配时间为15分钟左右。每次繁殖期结束，它们只能依靠平时体内积累的脂肪来维持这一时期的巨大消耗。雄海狮的这种特殊情况是海狮和海狗等海狮科动物特有的生殖现象，很值得生物学家进行分析研究。

雌兽海狮每胎只能产1个幼崽。刚出生的幼崽海狮体重约20千克，体长约为1米，体毛为黑棕色，睁开眼睛就能活动，但仍需要雌兽海狮的耐心照顾和关爱。雌兽海狮活动时，常常把幼兽叼在嘴里。雌兽海狮的乳汁含脂量很高，也很浓，所以即使1~2天以上对幼兽哺乳一次，也能使其获得足够的营养，幼兽生长得也快。雌兽海狮在产崽后的第五个星期便开始下海觅食。

虽然繁殖群所处之地的海狮很多，密密麻麻，而且不同的个体吼声此起彼伏，但是雌兽海狮和幼崽仍然能够辨别彼此的声音。当雌兽海狮返回它们

的栖息地点后，首先是连声高叫，好像在召唤着自己的幼崽快点回来一样，而幼崽一听到母亲的急切召唤，也会兴奋地高声答应，并用自己最快的速度向雌兽海狮叫声的方向移动，雌兽海狮也会加快它的步伐向自己的幼崽靠拢。它们在相聚之后，除了不停地用声音继续彼此交流和联系外，而且，它们还会用自己的嗅觉去嗅出对方身上的气味，甚至鼻子对鼻子地进行亲吻，当雌兽海狮确认这真是自己的孩子后，才会给自己的幼崽喂奶。

　　不过并非所有的雌兽海狮对所有的幼兽都会那么慈爱。雌兽海狮对不是自己生的幼崽表现得非常无情，不但不会用自己的乳液为之哺乳，而且还会用它的牙将幼兽叼起来，抛向远处。如果这正好被幼崽的母亲发现，这两只雌兽海狮之间的战争就会不可避免地上演。幼崽不会游泳，同时也不敢下水，到了5~6个月的时候才开始以小甲壳动物和小鱼作为乳液之外的补充食物，此后它们会慢慢地学会到海里去游泳和捕食。3~5岁时，它们达到性成熟，平均寿命可超过20年。

冰山预报员——海象

中文名：海象
英文名：Odobenus rosmarus
分布区域：北冰洋、太平洋、大西洋

海象是生活在寒冷水域里的海洋哺乳动物，主要栖息在北冰洋一带。体大而彪悍，大的雄海象长4米多，重1.5吨。它的两颗门牙又长又尖利，是觅食的有力工具。它能潜伏到近百米深的海底，用这两颗门牙翻动海底泥土，再用灵活的嘴唇和敏锐的触须进行探测、识别，寻找藏在里面的贝壳、虾、蟹等猎物。当海象找到食物后，它就会用臼齿把壳咬碎，吃完里面的肉。海象进食很精细，它总是细嚼慢咽，绝不囫囵吞枣。它的食量很大，饱餐一顿，需要上百千克东西，这些东西需要用长牙翻掘200平方米的海底泥土才能找到，实在是非常辛苦。

野生的海象平时是很懒的。它们贪图安逸享受，一生的大部分时间是成群地躺在冰上或海岸上睡觉，过着悠闲自得的生活。为了安全，它们也像海狮那样派出值班员值班警戒。如有危险，值班员就会大声吼叫，唤醒同伴逃命。海象的吼声非常响亮，很远的地方都能听到，所以同伴一点儿也用不着担心，尽管安稳地睡大觉。

待在冰块上的海象群，如果遇到大冰山，值班员也会发出大声吼叫。吼声在茫茫海空回荡，给过往的航船预示危险的来临。难怪水手们夸奖海象是"冰山预报员"。

　　海象妈妈对宝宝十分疼爱，母子形影不离。在陆地，母海象常常用前肢抱着幼崽；在海里，它让小海象骑在自己背上或紧紧搂着小海象的脖子。如果有谁欺负小海象，母海象就会毫不客气地进行攻击。小海象一旦被捉，母海象就会不惜一切冒着生命危险奋起营救。为了救小海象，它甚至会攻击捕海象的船只，爱子之心着实令人感动。

　　小海象对妈妈也是一往情深。要是妈妈有个三长两短，它就会一直叫着去寻找。甚至有的小海象会长时间追随着捕捉母海象的船只。

　　由于海象的经济价值很高，不少国家竞相捕猎，致使其数量急剧减少，有些地区的海象已濒于灭绝。加上全球气候变暖，北极地区的冰大量融化，使得海象的生活空间大大缩小，也加剧了海象的死亡。现在，全球海象的数量加起来只剩下大约7万头。如果不采取有效的保护措施，海象灭绝是很有可能的。

水母之"霸"——箱形水母

中文名：箱形水母
英文名：Australian box jellyfish
别名：海黄蜂
分布区域：澳大利亚昆士兰东北部的浅海水域

　　箱形水母是一种淡蓝色的透明海洋生物，形状像个箱子，有四个明显的侧面，外表十分漂亮，但会主动攻击人类，并且触须有剧毒，因此被人们视为热带海滩上的毒物。箱形水母的剧毒可引起令人无法忍受的剧烈疼痛，重者可以使人丧命。箱形水母的触须会向受害者的皮肤里释放很多毒针，每个毒针都包含一种致痛因子，因此它被称为"世上最令人痛苦的毒刺"。圣地亚哥动物园爬行动物和两栖动物馆长丹·鲍威尔表示，虽然箱形水母的毒刺看起来就是一个防御工具，但是它们不仅利用这些毒刺折磨海滩上的人，而且还利用它们捕杀猎物，例如小虾。因为奋力挣扎的小虾很容易对箱形水母脆弱的身躯产生破坏，因此它必须快速杀死小虾。

　　虽然箱形水母无意去杀人，但它的确是个捕猎者。一只成熟的箱形水母有一个普通人的头那么大，有的触须长达4.6米，触须上布满了毒刺细胞。以鱼类为食的箱形水母异常活跃，在海水里喷气推进式地追寻着猎物。它周身都是透明的，使得鱼类以及人类都无法发现它那致命的触须。

　　箱形水母大约有4束触须，每束10根，大部分都超过2米长，每根触须大约有300万个毒刺细胞。这种毒素会影响心肌和神经，还会破坏其他组织。箱

形水母具有极强的攻击性，但是其目的只是为了快速地杀死鱼类，因此攻击后它并不逃走。但是如果一只箱形水母遭遇到了人类，它也许会出于自卫而攻击人类。一旦被它刺中，会引起极度的疼痛，由于没有解药，受害者在仅仅几分钟后就会死于心力衰竭。此外，箱形水母的毒刺细胞在攻击时并不受大脑控制，而是受身体和化学物质的刺激。奇怪的是，毒刺不能刺透女性的紧身衣，在"防刺服"被使用之前，救生员在海滩巡航时穿的就是紧身衣。

深海掠食者——白鲸

中文名：白鲸
英文名：Beluga Whale
别称：贝鲁卡鲸、海金丝雀
分布区域：北极地区

贝鲁卡鲸和独角鲸都被称为"白鲸"，它们在所有鲸类之中最为社会化。一大群引人注目的白鲸聚集于北极湾，常给人留下深刻的印象，然而，由数百只甚至数千只独角鲸组成的队列沿着海岸行进的场面则令人叹为观止。白鲸在史前时期一直生活在温带海域，但现在却独占冰冷的北极水域。

独角鲸的皮肤色彩本身就非常醒目：灰绿色、乳白色、黑色的小斑点，看起来像是用硬刷轻点，绘制于其身体之上似的。更令人称奇的是，当雄性破水而出时，其著名的螺旋形长牙会露出来。看起来不仅比例失调（5米的独角鲸长着3米的长牙），而且还重心偏移，其长牙从左上唇以笨拙的角度伸出，然后下弯。年老的雄性更加怪异，它们的尾部看起来如同从后向前长出的一样。

独角鲸与贝鲁卡鲸的体型很相似，但贝鲁卡鲸稍小一些。贝鲁卡鲸的独有特征之一就是它们的颈部与大多数的鲸类不同，它们能侧向转动头部，接近直角。贝鲁卡鲸没有背鳍，尽管其身体中部沿着背部至尾部有一条背脊，但真的背鳍可能会使其身体热量流失，而且可能存在于冰面上被损伤的危险。

在这2个种群中，雄性比雌性长50厘米左右，它们鳍肢的末端会随着年

齡的增长而越发向上翘。贝鲁卡鲸的鳍肢有在广阔领域移动的能力，而且对于近距离的移动也具有十分重要的作用，包括缓慢地倒游。当雄性独角鲸年老时，其尾部的形状会发生变化，末端会前移，不论从上看还是从下看，都呈现出一个凹陷的前缘。这2个种群都有起隔热作用的、厚厚的鲸脂层，以使身体与其所生活的接近冰点的水隔开，然而贝鲁卡鲸的鲸脂太厚了，以至于其头部（至关紧要的部位，鲸脂含量很少）看起来总是太小，与其身体不成比例。

　　独角鲸只有2颗牙齿，而这2颗牙齿也都没有什么作用。雌性的2颗牙齿会长到20厘米长，但一般不会从齿龈中露出来；对于雄性而言，左边的牙齿会继续生长，直到形成长牙。极少数的雄性（少于1%）可以长出2颗长牙，而相同比例的雌性会长出1颗长牙。有关长牙的用途，众说纷纭，但看起来这仅仅是第二性别特征，用于在社交生活以及繁殖活动方面建立威信。

　　贝鲁卡鲸能够摆出多种身体姿势以及面部表情，包括使人印象深刻的打哈欠的嘴部动作，这会露出32~40颗相互毗邻的钉状牙齿。牙齿表面可能会严重磨损，有时严重到无法有效地咬住猎物。事实上，直到第2年或第3年，牙齿才会完全长出来，这点表明，它们牙齿的主要功能也许并非捕食。贝鲁卡鲸经常会将上下颚拍击到一起，发出击鼓般的声音，此时牙齿会起一定的作用；当卖弄表演时，牙齿也有其视觉刺激效果。

与独角鲸截然不同，贝鲁卡鲸是高等有声动物，能发出哼哼声、吱喳声、哨声以及叮当声，为此，很久以前就赢得了"海洋金丝雀"的美誉。它们所发出的一些声音可以透过船体外壳轻易听到，甚至在水上就能够听到。在水下，海豚群的喧嚣很容易使人联想到牲口棚。除了发声与回声定位的技能之外，贝鲁卡鲸还可以利用视觉进行交流及掠食。表达手段的多样化显示了其精妙的社交通讯的能力。

贝鲁卡鲸和独角鲸都是多样化的捕食者：贝鲁卡鲸捕食各种鱼群（包括鳕），还有甲壳动物、蠕虫，有时还捕食软体动物；独角鲸则捕食头足动物、北极鳕、比目鱼，以及小虾。贝鲁卡鲸的绝大部分猎物都在500米深的海底捕获，而独角鲸虽然没有必要到海底，但也是在相似的深度捕食。这2个种群都能够潜入超过1000米的深度，深海潜水时，正常的屏气时间是10~20分钟，但在特殊情况下，可能会超过20分钟。贝鲁卡鲸高度灵活的颈部使其视野广

阔，也使声音能在海底迅速传播，而且它们能通过大力吸气和喷气产生的水流来驱赶猎物。独角鲸的牙齿对捕食毫无作用，但它们能够像贝鲁卡鲸那样吸食食物。雄性与无长牙的雌性饮食方式相似，所以长牙在进食时不起任何作用。实际上，长牙也许仅仅是个阻碍，当独角鲸接近猎物时长牙会妨碍它们的嘴部接触到猎物。

海洋"巨无霸"——鲸鲨

中文名：鲸鲨
英文名：Whale shark
别称：豆腐鲨、大憨鲨
分布区域：热带和亚热带海域中

鲸鲨是鲨鱼的一种，它们的身躯非常庞大，是海洋里最大的鱼。一般体长15米左右，最大的体长25米。鲸鲨的头宽阔而扁平，吻突圆钝，尾巴细长，跟鲸很相像，因此得名"鲸鲨"。鲸鲨的皮呈棕色，上面有许多色斑。

鲸鲨是海洋里的庞然大物，但它们并不像虎鲨、大白鲨、双髻鲨等鲨鱼那样凶猛，而是性情温和，以海生小动物和浮游生物为食。在海洋中时常可

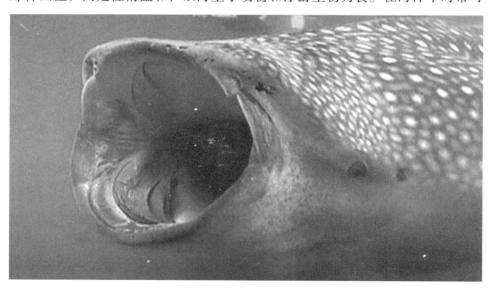

以看到成群的鲸鲨在海面上露出高大的背鳍，像鲸一样缓慢地游动，有时还会肚皮朝天，在水面上晒太阳。

鲸鲨为什么不像大白鲨那样凶猛呢？原来，它们的大嘴里没有尖利的牙齿，只长着一排非常硬的骨质乳突，所有的食物都得经过这些乳突过滤后才能进入口腔，就像在口腔里栽上了一道篱笆桩。这样，它们当然就不能撕咬其他鱼类了。

鲸鲨属于卵生鱼类，它们的卵是世界上卵生动物中最大的，一般有足球般大小。1953年，一艘渔船在墨西哥湾用拖网捕获到一个比篮球还大的鲸鲨的卵，这个卵长30.5厘米，宽14厘米，高8.9厘米，卵中有一只长34.9厘米的完全成型的小鲸鲨。鲸鲨的大卵里，有足够的营养保证小鲸鲨的成长。因为鲸鲨和其他鱼类一样，卵产在体外，幼体必须依靠卵本身的营养发育，而不是像哺乳动物那样，胎儿由母体供给营养。

名副其实的潜水冠军——抹香鲸

中文名：抹香鲸

英文名：Spermwhale

分布区域：全世界不结冰的海域

海洋动物大多都是潜水能手，那么到底谁才是真正的潜水冠军呢？

在众多潜水高手中，有个非常独特的成员，它不但跟所有的海洋动物一样能潜在海里很长的时间，为了追捕猎物它甚至能潜到2000多米深的海底。最奇特的是这种潜水高手不是鱼类，而是一种哺乳动物，它就是抹香鲸。

全世界的鲸类共有90多种，可分为两大类：一类没有牙齿，只有须，叫须鲸；另一类没有须而有牙齿，叫齿鲸。齿鲸有80多种，除抹香鲸外，其余体型一般都较小。齿鲸胸骨较大，没有锁骨，也没有盲肠，头骨左右不对称，而且只有1个鼻孔，呼吸换气时只能喷出一股水柱，主要以乌贼、鱼类等为食，有的还能捕食海鸟、海豹以及其他鲸类等大型动物。它们或多或少都有牙齿，只是不同种类牙齿的形状、数目也不相同，最少的只有1枚独齿，最多的则有数十枚，还有些藏在齿龈中没有显露出来。而且齿鲸的体型差异也很大，最小的体长仅1米左右，最大的在20米以上。

抹香鲸是齿鲸类中体型最大的，雄鲸体长18~23米，体重可达6~10万千克，雌鲸较小，但体长也长达13~14米。长相奇特，头重尾轻，就像一只巨大的蝌蚪，又像一个棺材或木箱子，尤其是雄鲸的头部特别大，几乎占体长的1/4到1/3。它的上颌和吻部呈方桶形，下颌虽然也强而有力，但比较细而薄，前窄后宽，与上颌相比，极不相称。它的上颌骨及额骨与颞骨均向里凹，形成一个大槽，上面由皮肤覆盖着，里面储存着鲸蜡，使头顶隆起，有减轻身体比重、增加浮力的作用。它的头骨的左右不对称，耳孔极小，上颌无齿或仅有10~16枚退化的齿痕，还有一些被下颌的牙齿"刺出"的深洞，下颌窄而长，有20~28对圆锥形的狭长大齿，每枚齿的直径可达10厘米，长20多厘米。它的鼻孔在头的两侧分开，喷水孔在头的前端左侧，眼角的后方，呈S形，只与位于左前上方的左鼻孔通连，右鼻孔阻塞，但与肺相通，可作为空气储存箱使用，所以它呼吸时喷出的雾柱是以45°角向左前方喷出的。它的颈椎仅有第二至第七枚愈合。抹香鲸没有背鳍，后背上只有一系列像驼峰一样的嵴状隆起，里面富有脂肪，也起到增大浮力的作用。它的鳍肢也不长，仅有100厘米左右，但尾鳍比较大，宽约360~450厘米。抹香鲸身体的背面为暗黑色，腹面为银灰或白色，全身颜色为蓝灰色、乌灰色至黑色，只在口角后方有一块白色，体色随年龄而异，一般幼仔色淡，以后逐渐加深，而老年又变为浅灰色，有时有花斑。

　　抹香鲸头重脚轻的这种特点非常适合潜水，再加上它们喜欢的食物如大王乌贼等都栖息在深海里，为了追捕它们，抹香鲸不得不进行长时间的"屏

气潜水"，有时甚至长达1.5个小时，经常要潜到2200米以上的深海，它们的潜水能力极强，是潜水最深、时间最长的动物，是名副其实的潜水冠军。

抹香鲸是极少数生活在海洋里的哺乳动物，常以5~10头群体活动，也有几十只甚至200~300只的大群，群体中雄多雌少，在海上有时会顽皮地互相嬉闹、玩耍，有时又一起围成一个圆圈，长时间躺在海面上酣睡。游速每小时约为2.5~3海里，最快时速可以达到12海里。它们遍布世界各大洋，主要活动在南北纬40℃之间的热带和温带海域，大多数生活在赤道附近的温暖海区，极少数还能到达北极圈内的冰岛和格陵兰附近海域，在我国的各个海域都能看到。

海洋大"蜗牛"——露脊鲸

中文名：露脊鲸

英文名：Northern right whale

别名：脊美鲸、黑露脊鲸、北真鲸、直背鲸、比斯开鲸

分布区域：太平洋、大西洋等海域

　　露脊鲸的名字是捕鲸者起的。之所以这样称呼，是因为它们"正好是"适于捕杀的鲸——它们游动缓慢，长有较多的鲸须与油脂。

　　与弓头鲸以及其他鲸类种群相比，通过其粗厚皮肤上的斑纹，露脊鲸很容易被识别出来。斑纹被称为"老茧"，沿着其下颌和吻突，长在眼部上方。

最大的斑纹长在吻部，曾被过去的捕鲸者称为"烟囱帽"。鲸虱就生活在这些突起之中。雄性的老茧略大于雌性的，老茧可能被用来竞争雌性。老茧对科学观察者也大有益处，因为无需捕捉或碰触鲸类，就可以通过老茧的独特形状识别出鲸类个体。根据老茧，观察者们绘制出了目前正在研究的各个露脊鲸种群的识别目录，通过这些目录，就可以知道每只露脊鲸生活了多久、何时繁殖后代、如何迁移等事实。

露脊鲸可以发出低频声音，研究表明它们至少有2种呼叫方式：分隔很远的个体成员之间的联系方式，以及雌性吸引异性交配的呼叫方式。而实际上可能还有更多种的呼叫方式。与重复"歌声"序列的大翅鲸不同，露脊鲸会发出很多50~500赫兹之间的单一的声音和成组的声音。进食的露脊鲸还会发出多变的2~4千赫的低振幅声音，通过其部分暴露的鲸须形成水波振荡。而弓头鲸的发声法则很简单，并且会随着时间的变化而变化。

露脊鲸的迁移习性还未被完全了解。在北大西洋，美国佛罗里达和乔治亚州的近海岸水域是其主要的冬季繁殖区，但对此时处于非生育阶段的露脊鲸的分布情况依然未知。春季、夏季和秋季，在美国缅因州海湾通常可以见到大约2/3的北大西洋露脊鲸，但是基因数据和观测数据表明，这些亚种群还

有一个次级的、未被发现的夏季栖息地。

露脊鲸每天大概需要1000~2500千克的食物，小露脊鲸大概需要50~100千克。目前我们对它们的进食习性知之甚少，但已知2头被俄罗斯人捕获的鲸的胃部满是桡足类动物。

露脊鲸的社会结构组织很难被理解，观测到的个体在一天中的某些时候会独处，而在同一天的晚些时候或在其他日子中，则会与一个或多个群落待在一起。当露脊鲸的大型群落相距仅仅几千米时，很可能是因为那里聚集了大量的食物。而这些露脊鲸群落的协作行为大概无法与海豚群或齿鲸群相提并论。

联系最为紧密的社交组合是在母亲与幼崽之间。它们在幼崽出生的最初6个月中，始终保持其距离不超过一头鲸的体长。幼崽在10~12个月时断奶，之后，母亲与幼崽再次聚在一起的情况则很罕见。露脊鲸经常会做出"突跃"（跃出水面）与"拍尾"（用尾鳍拍水）的动作，这些行为暴露出露脊鲸的位置所在，尤其是当水面噪音严重，无法听到彼此的发声时。

在一年中的某些时候，小露脊鲸与露脊鲸一样，都偏爱相对较浅的水域，据估计，交配就发生在近海岸处。然而据观察，小露脊鲸一年中的大部分时间都会待在它们被报道的各个区域之中，所以可能存在着地方化的种群与有限的迁移。但在那里，它们与其较大的相距很远的"亲戚"的相似之处则消失殆尽了。尽管根据早期的观点，小露脊鲸尤为扁平的胸腔下侧也许意味着它们会长时间待在水底，但是却没有观察到它们有长时间的深潜行为。而且，它们也没有露脊鲸非凡的"拍尾"以及"突跃"技能。

小露脊鲸的游动速度相对较慢，它们经常在不把背鳍露出水面的情况下，把整个吻部戳出水面，这一行为类似于小须鲸，因而很容易被混淆。不受干扰的小露脊鲸的呼吸节奏很有规律，每分钟不到一次，连续潜水3~4分钟时，大约会换气5次。小露脊鲸通常的行为特点是"低调"，这是它们的另一个特点，与其较小的体型有关，这也造成了对其观察记录的短缺。

毒蛇之王——海蛇

中文名：海蛇
英文名：sea snake
别称：青环海蛇、斑海蛇
分布区域：印度洋和西太平洋的热带海域

　　海蛇的体色为棕色或黑色，腹部为鲜明的黄色，身体扁平，尾呈桨状，适合在水里生活，鼻孔朝上，有膜瓣，可以合闭，能关闭鼻孔潜入水下达10分钟之久。有些海蛇的躯干比头和颈部粗，在咬猎物时能够保持身体稳定，身体表面有鳞片包裹，鳞片下面是厚厚的皮肤，可以防止海水渗入和体液丧失，除了阔尾海蛇像陆栖蛇那样具有宽大的腹鳞外，其他的腹鳞都很小。舌下的盐腺，起平衡体内盐分的作用，能把多余的盐分排除体外。

　　海蛇喜欢群居，常聚在海面晒太阳，特别是繁殖季节，它们常聚集在一起，形成几十千米长的长蛇阵。完全水栖的海蛇繁殖方式为卵胎生，每次产下3~4尾0.2~0.3米长的小海蛇，而能上岸的海蛇，依然保持卵生，它们在海滨沙滩上产卵，任其自然孵化。

　　现代海蛇个体都不是很大，身体细长，身长一般在1.5~2米之间，最大的如日本的阔带青斑海蛇体长相当于普通海蛇的两倍左右，终年生活在海里，主要生活在近海或是沿岸，特别是半咸水河口一带，以各类鱼类为食，主要分布在澳大利亚和亚洲的沿海及海湾，仅黑背海蛇广布于太平洋至马达加斯加和整个西半球，大西洋中没有海蛇。

海蛇喜欢在大陆架和海岛周围的浅水中栖息，在水深超过100米的开阔海域中很少见。它们有的喜欢待在沙底或泥底的混水中，有些却喜欢在珊瑚礁周围的清水里活动。海蛇潜水的深度不等，有的深些，有的浅些。曾有人在四五十米水深处见到过海蛇。浅水海蛇的潜水时间一般不超过30分钟，在水面上停留的时间也很短，每次只是露出头来，很快吸上一口气就又潜入水中了。深水海蛇在水面逗留的时间较长，特别是在傍晚和夜间更是不舍得离开水面。它们潜水的时间可长达2~3小时。

海蛇对食物是有选择的，很多海蛇的摄食习性与它们的体型有关。有的海蛇身体又粗又大，脖子却又细又长，头也小得出奇，这样的海蛇几乎全是以掘穴鳗额为食。有的海蛇以鱼卵为食，这类海蛇的牙齿又小又少，毒牙和毒腺也不大。还有些海蛇很喜欢捕食身上长有毒刺的鱼，在菲律宾的北萨扬海就有一种专以鳗尾鲶为食的海蛇。鳗尾鲶身上的毒刺刺人非常痛，甚至能将人刺成重伤，可是海蛇却不在乎这个。除鱼类以外，海蛇也常袭击较大的生物。

海蛇的个头虽然很小，但它们的神经系统却异常发达，有"天然雷达"之称。

海蛇的脑神经细胞与人类的脑神经细胞非常接近，通灵悟性甚至与人类智慧不相上下。在它小小的头部里有成千上万条神经，能够快速感应到来自外界的光、声等微小变化以及天敌的攻击信号，并以1/10秒的速度迅速做出正确的反应。所以海蛇反应敏捷，动作迅速。另外，在海蛇的神经系统中有一种叫做海蛇活肽的特殊物质，它不但可以保持海蛇脑血管畅通，还能修护损坏的神经细胞。

海蛇大多有毒，毒性比陆地上最毒的眼镜蛇要大得多，只有一种叫做锉蛇的古老蛇类是少有的无毒蛇，它们生活在北起菲律宾岛、南到大洋洲北部、西至印度海岸的广大海区，体长在0.6~1米之间，肌肉松软，身体呈黄褐色，表面有很细的粒状鳞片。锉蛇的心血管和呼吸的生理机能非常适于水中生活，它们的血红蛋白输氧效率特别高，潜水时的心跳可降到每分钟1次以下，在水中的潜伏时间可以长达5小时之久，而在这期间的呼吸功能有13%是通过皮肤进行的。锉蛇唇部的组织和鳞片能将嘴封得滴水不漏，下颌有一个盐分泌腺，用来分担肾脏排泄盐分的沉重负担。锉蛇现在已十分少见了。

世界上大多数海蛇都聚集在大洋洲北部至南亚各半岛之间的水域内。这些海蛇之所以能在海中大量存活下来，是因为它们都有像船桨一样的扁平尾巴，很善于游泳；另外，还因为它们都有毒牙，能够杀死捕获物和威慑敌人。这些海蛇也有和锉蛇类似的盐分泌腺和能够紧闭的嘴。但总体说来，它们的生理机能对海洋的适应性不如锉蛇，这可能是由于它们在海中生活的历史不如锉蛇长的缘故。

目前世界上约有700种蛇有毒，钩吻海蛇的毒液相当于眼镜蛇毒液毒性的两倍，是氰化钠毒性的80倍，而世界上最毒的海蛇是贝尔彻海蛇，它的毒性比任何陆地蛇大许多倍，按照单位容量毒液毒性来讲，它的毒性是眼镜王蛇的200倍，是真正的世界毒王。

尽管海蛇凭借它们的剧毒能在海洋里畅通无阻，但它们也有天敌，海鹰和其他肉食海鸟就吃海蛇。它们一看见海蛇在海面上游动，就疾速从空中俯冲下来，衔起一条就立刻高飞，尽管海蛇凶狠，可它一旦离开了水就没有进

攻能力，而且几乎完全不能自卫了。还有些<u>鲨鱼</u>也以海蛇为食。

　　海蛇的毒液成分跟眼镜蛇相似，都是神经毒，不同的是，它的毒液对人体损害的部位不是神经系统而是肌肉。海蛇毒性有一段潜伏期，被海蛇咬后不会感觉到疼痛，在30分钟甚至3小时内都不会出现明显的中毒症状，很容易使人麻痹大意，也因为这样才更危险。事实上，海蛇的毒液很快就会被人体吸收，毒性发作时首先会觉得肌肉酸痛无力，眼睑下垂，症状跟破伤风相似，同时心脏和肾脏也会受到严重损伤。被咬伤的人，可能在几小时至几天内死亡。海蛇毒含有多种生物酶，可分离提纯，用于医药、科研和生物工程等，所以蛇毒又被誉为"液体黄金"，美国西格玛蛇毒公司经营的青环海蛇毒每克售价7800多美元，要比黄金贵上百上千倍。

游泳高手——剑鱼

中文名：剑鱼

英文名：Commonswordfish

别称：青箭鱼

分布区域：印度洋、大西洋和太平洋

　　剑鱼也叫"箭鱼"，上颌长而尖锐，像一支向外突出的利剑，故而得名。剑鱼属硬骨鱼纲鲈目剑鱼科，是一科一属一种的大型洄游性鱼类，广泛分布于热带至寒带地区。由于它们常能保持比海水高的体温，所以能游到寒带生活。

　　剑鱼一般体长3~4米，重300~400千克。最大的体长达5米，重850千克。剑鱼的体型呈纺锤形，体表覆盖着一层光滑的鳞片，并且能分泌润滑体表的黏液。这种精巧流线型的体型，对剑鱼高速前进有着十分重要的作用。所以，

剑鱼的游泳速度令人惊叹！能达到每小时110千米，相当于普通轮船速度的3~4倍，也是其他鱼类无法相比的，因此它们是鱼类中的"游泳高手"。

剑鱼有四个不同的生长阶段，即稚鱼期、幼鱼期、未成鱼期、成鱼期，每个阶段的体型变化不同。

稚鱼期剑鱼的身长在10厘米以下，幼鱼摄食浮游生物及甲壳类，成鱼主要吃乌贼类和鲭鱼等。剑鱼在捕食时，总是先用长长的上颌把小鱼打得无法动弹，然后再进行摄食。它们有时会用上颌来搅乱其他鱼群的行动然后再进行捕食，这种方法非常有效。

赤道南北方的广阔海域，都是剑鱼的产卵区域。一条剑鱼产卵约有400万个。

剑鱼是大洋水域上层凶猛的肉食性鱼类，它们常常在高速前进中攻击鲸和鲨鱼这类庞然大物，有时也游进小型鱼群中横冲直撞。此外，它们还会攻击船舶，导致船受损或沉没。

据记载，有一次，一艘从英国开往斯里兰卡的船，途中突然出现漏水情况。检查发现，原来是船底被剑鱼撞穿了一个直径约5厘米的洞。由于剑鱼以极高游速向船舶发起攻击，并给船舶带来损害，因而人们称它们为"活鱼雷"。

关于剑鱼攻击船舶有着不同的解释。有人说剑鱼之所以攻击船舶，是因为它们将船舶误认为鲸的缘故。有人则认为，因为剑鱼速度很快，看到船只时来不及避让，所以才会撞到船体上。也有人认为，剑鱼的"剑"绝不是作为武器而发达起来的，而是代表着一种高度的流线型，对于破浪前进有很大的帮助，这值得人们进一步研究。

飞机设计师受到剑鱼的启发，也给飞机装上了一根"长剑"，这把剑刺破了高速飞行中产生的"音障"，使飞机的飞行速度进入超音速时代。

第二章

空中战记——天空凶猛动物

　　它们翱翔于无边无际的天空，它们在蓝天中时而上升时而下降，显得快活自在。从高山到河流，从地面到天空，到处都有它们的身影，它们当中有捕鱼能手、捕蛇高手、飞行健将等。在它们身上充满了无限的神秘色彩，因此，人们对它们崇拜有加，有的甚至被奉为国鸟。它们是天空的王者。让我们一起走近它们，了解它们，观察它们。

"万鹰之神"——白尾海雕

中文名：白尾海雕

英文名：White-talied Sea Eagle

别称：黄嘴雕、芝麻雕

分布区域：欧亚大陆北部和格陵兰岛、朝鲜、日本、印度、地中海和非洲西北部等地

    白尾海雕是一种大型猛禽，其个头可以达到70~100厘米，展开双翅则有200~250厘米。当白尾海雕翅膀张开时，会显得威风凛凛，杀气腾腾。此时，它的头部就会很大，嘴部很厚。成年的白尾海雕的头部和颈部是浅白色的，尾部是白色的，嘴和脚是黄色的，身上的其他部分是棕色的。幼年海雕的嘴和脚颜色明显要深于成年的海雕，在半成年时，它们的尾部会变成带黑色条纹的白色。

    白尾海雕是顶级掠食者，食物很多，有鱼类、鸟类和腐肉，有时它们也会捕猎一些小型的哺乳动物。白尾海雕是一个强悍的猎手，有时候它们会跟金雕争夺食物，毕竟它们的食谱太接近了。在中国，白尾海雕被人工训练为狩猎的工具。在一些传说中，白尾海雕主要是用来捕捉天鹅的。但是白尾海雕捕捉天鹅并没有多少人见过，倒是媒体上曾报道过它捕食海蛇，由此可见，白尾海雕是多么勇猛不凡了。

    在生活中，人们常会用鸳鸯来形容爱情的忠贞，但是生活学研究上好像鸳鸯并不是人们想象的那样。要说鸟儿中最能实践白头偕老的爱情神话的，白尾海雕应该算是其中之一。它们在四五岁时已经性成熟。一旦雌雄结合，就会跟对方共处一辈子。只有其中一方死了，白尾海雕才会去寻找新的配偶，否则，白尾海雕是不会有"小三"出现的。白尾海雕是通过声音来表达爱情的，当发情的雄鸟遇到雌鸟时，它的声音就会千变万化，以吸引对方的注意。

　　白尾海雕两情相悦之后，就开始成家了。双方共筑爱巢。它们的巢一般位于一棵树的树枝上或在海边的悬崖上，巢很大。由于它们对爱情非常专一，因而一个它们的爱巢经常会长期使用，用期达10年。在斯堪的纳维亚，人们经常会发现树林中不断有很多树木塌下来，原来是由于这些树木难以长期负荷白尾海雕巨大的鸟巢导致的。

　　白尾海雕拥有了自己的爱巢，就开始繁育后代。每年一对白尾海雕可生出1~3枚卵，它们孵卵不像别的鸟儿只是雌鸟的工作，白尾海雕父母会共同承担孵卵的工作，离开母体38天后，在父母的照料下，小海雕就会破壳而出。刚出生的幼鸟一般都很和睦，但通常第一只孵出的幼鸟体型很大，在进食时占有很大优势。出生不久的幼雕没有羽毛，在父母的细心照料下，出生

11~12个星期后，幼鸟才会长出羽毛，但它们依然需要留在巢中，依赖父母狩猎维生，再过6~7个星期它们才开始独立。

　　白尾海雕本是一种与世无争的鸟儿，但是在人类的一度干预下，它们的生存曾出现过多次危机。尤其是在20世纪50~60年代，在欧洲的许多地方，白尾海雕已经很稀少，一些地区甚至灭绝了。这种鸟儿的命运引起了人们的高度重视，很多地方已经开始通过立法来保护它，白尾海雕的捕猎及保护繁殖区和冬季摄食区终于建立。在人们的共同努力下，白尾海雕在欧洲的数量得以逐步回升。在中国的一些地方，随着环境的不断改善，很久不见踪迹的白尾海雕又开始出现了。

空中之"虎"——虎头海雕

中文名：虎头海雕

英文名；Kamchatkan Sea Eagle

别称：虎头雕、羌鹫

分布区域：堪察加半岛、鄂霍次克海沿岸、黑龙江、库页岛北部及尚塔尔群岛

　　虎头海雕是海雕属隼形目，是海雕属中最大型的成员，也是鹰科中的一种大型的猛禽。

　　虎头海雕体长90~100厘米，两翼很长，翼展开能达203~250厘米。雌性比

雄性的体重略高，一般雌性的体重约在6.8~10千克之间，而雄性的体重则仅有5~6.5千克。

虎头海雕的命名是通过它的体型外观得来的。因为它头部为暗褐色，且有灰褐色的纵纹，看似虎斑，所以人们把它叫做虎头海雕。

虎头海雕有黄色的特大鸟喙，体羽为暗褐色，虹膜、嘴和脚都是黄色的，爪是黑色的。它的前额、肩部、腰部、尾上覆羽、尾下覆羽以及呈楔形的尾羽全部为白色。其中，它的尾羽有14枚，比同属的其他海雕多2枚。

由于有颜色的间隔区分，所以在虎头海雕飞翔时可以看出它优美的一面。从下面看，白色的翼缘、白色的尾下覆羽和尾羽与黑色的下体型成了强烈的对比；从上面看，腰部、尾羽和两翅前缘的白色与黑色的两翅以及其余上体呈鲜明的对比。虎头海雕是海湾上空中最大型的猛禽，习惯于滑翔，经常在天际盘旋，行动极为机警。

虎头海雕的叫声深沉而嘶哑，像一头凶猛的老虎一样，能使人联想起猛虎的狂啸。它的飞行速度很缓慢，一般会在空中滑翔、盘旋或者长时间地站在岩石岸边，也有时候会站在乔木树枝上或者岸边的沙丘上。一到冬季，虎头海雕就会成群活动。

虎头海雕的食物大致跟它们的近亲白头海雕和白尾海雕相同，主要食物以鱼为主，尤其喜欢吃鲑鱼和鳟鱼。除了鱼类，它们有时还会捕猎一些鸟类和哺乳动物吃，不过如果遇到食物紧缺的时候，它们也吃腐肉。虎头海雕也会捕猎年轻的海豹，因此海豹常常成为虎头海雕的口中食物。

虎头海雕跟其他鸟类一样，也会在树上或者岩石洞里面造窝。它们的窝高度一般高约为150厘米，直径最大可达250厘米。它们的窝较为固定，一般多年使用，以后也会有同类不断轮流使用这些巢。不过虎头海雕也不是白住现成的窝，它们每年都要进行修理和补充新的巢材，使巢也逐渐变得越来越大。

每年的2~3月份，便是虎头海雕的求偶期。4~6个月为一个繁殖期，每窝产卵1~3枚，一般为2枚。卵的颜色是白色的，稍微点缀着绿色。孵化38~45天后，幼鸟就可以孵出了。刚孵化出来的幼鸟其绒羽呈灰色或白色，在成长期间，绒羽会转为棕色的羽毛。幼鸟很勤奋，大约70天后便会离开巢。不过，虎头海雕比较晚熟，在约4~5岁的时候，幼鸟才正式开始踏入性成熟的阶段。到了8~10岁时，小虎头海雕才正式长出成鸟的羽毛，此时也正式踏入成鸟的阶段。

美国国鸟——白头海雕

中文名：白头海雕
英文名：Bald Eagle
别称：白头鹰、美洲雕
分布区域：北美洲

白头海雕是一种外形美丽但性情凶猛的大型猛禽。白头海雕嘴弯曲而尖锐，四趾有钩爪，目光敏锐，重量为3~6.3千克，身长为71~96厘米，翼展开为168~244厘米，雌性体积比雄性的大25％左右。白头海雕全身的羽毛大都是深棕色，但喙、眼睛和脚呈黄色，头部为白色，并且一直覆盖到颈部，闪闪发光，这与它身上的暗色形成了鲜明的对比，远远望去，给人的感觉总是"光秃秃"的，所以人们把它称为"秃鹰"。

白头海雕一般可以活15~20岁，野生的白头海雕寿命会长一些，但最长也仅有30岁。白头海雕常活跃于海岸、大湖泊、河流附近，靠捕海鸥、野鸭等水鸟和鳟鱼、大马哈鱼等大型鱼类以及生活在水边的小型哺乳动物等来维持生命。白头海雕的飞行能力很强，即使抓着猎物飞行，时速也可达48公里，滑翔时的飞行速度则可达每小时70公里。白头海雕的婚姻实行的是终身配偶制。但是，如果夫妻中的一方先死，存活下来的一只会很果断地接受其他新的配偶。

在所有动物中，鸟类的视觉最好，其中雕的视觉要比人类的强3倍。而白头海雕视觉的清晰度，抑或叫做明晰度，更是绝中之绝，比别的鸟的视觉还

要好。白头海雕明察秋毫的视觉，使它们能够更清楚地发现猎物的藏身之处。

　　白头海雕视觉很好，这是因为它有一双很大的眼睛。这双眼睛挤占了眼部肌肉的活动空间，因此它的眼睛不能来回转动。但是雕长了许多可以让颈部灵活地活动的颈骨，弥补了这一缺憾。靠着这些颈骨，雕能将头部转动270°——也就是圆的3/4。跟许多其他的鸟类一样，白头海雕的双眼各长了一层叫做瞬膜的特殊的眼睑，这层眼睑能替眼睛受刺激并且能使眼睛保持湿润。

　　白头海雕的眉骨十分突出，这使它们的外表看起来很凶猛，但是却能起到很多的保护作用。这种突起可以使雕眼免受烈日的暴晒，还能起到挡风蔽尘的作用。白头海雕栖息在树上时，突起的眉骨能起到保护眼睛免受碰断的树枝树条弹起来时带来的伤害。另外，突起的眉骨还能保护眼睛免受挣扎中猎物的伤害。

　　白头海雕有一身独特的羽衣。靠飞翔生存的动物，保养好自己的羽毛是至关重要的。所以，白头海雕每天都要花费大量的时间清洗、梳理自己的羽毛。它梳洗羽毛时，就会使劲儿摇摆身体，抖落松动的羽毛，油状液体也会

令其他的羽毛各归其位。一只健康的成年白头海雕有7000多支羽毛，彻底整理一次要花很长时间。

白头海雕雕骨有许多是凝聚或连接在一起的，这就使得它们格外结实，使得骨架轻薄中空，这可以使它们飞翔的时候能够很好地托举它们。

同其他的鸟类一样，白头海雕没有牙齿。它们进食时将猎物用钩状的大喙撕成一口一口的碎块，然后整块整块地吞下去。所以即使雕爪没有完全地杀死猎物，雕喙的一记又一记猛烈啄咬也足以杀死猎物了。

白头海雕拥有强壮的足，以便用来杀捕猎物。相对于身体大小而言，白头海雕的足也真是够大了——竟长达15厘米！它们的足底异常粗糙，像我们常见的砂纸一样，这一构造有助于让它们抓牢那些身体表面滑腻的猎物，比如说蛇或鱼。白头海雕有4个足趾，前面3个，后面1个，足趾顶端分布着长而弯曲的爪。白头海雕的后爪弧长为7~8厘米。这些爪是白头海雕最厉害的武器，它们像尖刀一样锐利，甚至比白头海雕那钩状的喙更加危险，最有力量的是后足趾和后爪。白头海雕在抓捕猎物时，它的后爪会深深地刺入猎物的体内，经常会刺穿猎物的关键器官，譬如说心脏或肺部。

在白头海雕的尾部长有一个在受压时可以分泌出油状液体的特殊腺体，雕把分泌出的这种液体涂在羽毛上，这样做不仅能够保持羽毛的整齐还可以帮助羽毛防水。

同其他大多数猛禽一样，白头海雕日间常成对出来捕食，凭借异常敏锐的视觉，即使飞翔在高空，也能清楚地洞察地面、水中和树上的一切猎物。除了这些，白头海雕还经常争夺别的鸟类的猎物。

它们常栖息和筑巢在河边或海岸较老的松柏、硬木树上，它们还喜欢巧妙地利用旧巢，在繁殖期间还会不断地进行修补，把巢延展得越来越庞大，有些巢最终直径可达2.75米，重2吨。白头海雕一般选择11月上旬开始产卵，每次产卵2枚。白头海雕同其他鸟类不同，雌鸟产下第一枚卵开始孵化后，才会产第二枚卵，这样雏鸟出壳的日期就会相差几天，先出壳的雏鸟往往比后出壳的雏鸟大许多。

有时候，两只小雕都能够存活下来，但多数情况下，大一点的雏雕会将较弱的那一只杀掉。雏鸟出壳后，一般4个月后才能长成幼鸟。幼鸟全身羽毛呈栗褐色，头部和尾部都是光秃秃的，没有白色的羽毛。但是几年后，小白头海雕头部和尾部逐渐长出羽毛并逐渐变白。一般幼鸟7年以后才彻底成熟，那时候，头部和尾部会变得跟父母完全一样。白头海雕身体庞大，因此吃得也多。一只小雕每天需要多达3千克以上的肉才能吃饱。小雕在母亲怀抱里喂养3个月后就可以离开雕巢自己捕食了。

空中强盗——白腹军舰鸟

中文名：白腹军舰鸟

英文名：Andrews Frigatebird

分布区域：主要分布于印度洋，繁殖在圣诞岛和科科斯基林岛等地

　　白腹军舰鸟在分类学上隶属于鸟纲、鹈形目、军舰鸟科。军舰鸟科全世界共有5种，都分布于热带、亚热带和温带海洋中。我国除了白腹军舰鸟外，还有2种，一种是小军舰鸟，它的大小同白腹军舰鸟差不多，但全身都是具有光泽的黑色羽毛，在我国多见于西沙群岛等南海岛屿和沿海地带，从福建、广东、台湾，往北到江苏、浙江，偶尔还见于河北的北戴河和秦皇岛。另一种是白斑军舰鸟，它的体型略小，全身羽毛也是黑色的，但腋下两侧各有一块大白斑，在我国仅见于福建和西沙群岛，偶尔经过台湾沿海。这两种军舰鸟的数量也都很稀少。

　　人们有时可以在浩瀚无垠的热带海洋上空，看到一种飞行的巨大的黑色海鸟在抢夺其他鸟类口中的食物，它就是白腹军舰鸟。白腹军舰鸟是大型的海洋性鸟类。

　　白腹军舰鸟很容易与别的鸟区别开来。它的体长将近1米，雌鸟的体型一般比雄鸟还要大。它的蓝灰色的嘴峰很长，尖端弯曲成钩状，喉部红色的喉囊，可以存储捕到的食物。它的两翼狭窄，下臂的掌骨和指骨特别长，使两翼展开时可达2米。它的脚也是红色的，但是与其他水鸟不同的是，它的脚趾间虽然也有蹼，但蹼膜在各趾间有很深的缺口。白腹军舰鸟上体的羽毛呈乌

黑色并带有绿色的光泽，颈部和胸部是紫色的，腹部是白色的。

白腹军舰鸟是世界上飞行速度最快的鸟类，在捕食时其飞行时速甚至可以达到400千米。飞行的耐久力也很强，是非常出色的远距离"飞行家"，飞行高度可达1200米左右，还常常飞到1600千米以外的地方去觅食，最远可达4000千米。这是因为它主要用来飞行的胸肌和飞羽都非常发达，几乎占体重的一半。在海洋上空的蓝天上，我们经常可以看到它展开狭长的翅膀，轻松地翱翔，在天空气流的旋涡内或翻转，或盘旋上升，有时直冲1000多米的高度，再迅速地由空中直线下降。即使遇到12级的飓风，鹈鹕等其他鸟类早已被吹得晕头转向，白腹军舰鸟依然能在狂风中旋转而下，安然降落，不受任何损害，因而成为海鸟中的佼佼者。

白天，白腹军舰鸟会在海面上飞翔，夜晚，它会栖宿在岸边或岛屿上。白腹军舰鸟主要以海中的鱼和水母等软体动物为食，捕食时能贴在水面上飞行，追逐漂浮在水面上或飞出水面的鱼类。虽然能够自己捕食，但它却更多地采用强抢的方法，在空中劫掠其他鸟类，特别是鲣鸟所捕获的鱼类。它先是在高空中盘旋巡视，一旦发现鲣鸟在水中捕到鱼类，并衔起飞翔时，立即

俯冲下来进行攻击，用喙啄咬鲣鸟的尾部，或用双翅猛烈扑打，迫使鲣鸟在不堪忍受疼痛的情况下，不得不张口吐出已经获得的猎物，或者被攻击得惊慌失措，吓得把猎物扔掉，此时，猎物就会成为白腹军舰鸟口中的美餐。此外，白腹军舰鸟还经常掠食其他鸟类的卵和幼雏等。

　　白腹军舰鸟的繁殖季节是在每年的4~6月。此时，在岸边或岛屿的岩石上，就会聚集成千上万的白腹军舰鸟。已经达到性成熟的雄鸟，喉部的喉囊灌入空气后膨胀成一个很大的半透明的半球状袋状物，色彩鲜红，十分艳丽，这是它们为了向雌鸟进行"求爱"炫耀而显示自己英俊形象的主要手段。在求偶季节，它们还经常展开双翼，不断地围绕着雌鸟转圈，跳起优美的舞蹈，并且不时地从嘴里发出"嘎拉，嘎拉……"的叫声，向雌鸟求爱。雌鸟则不断扇动双翼，显得异常活跃，以此回应雄鸟，并认真地在雄鸟中选择自己的如意"郎君"。一旦遇到合意的配偶，就立即迎上前去，用头去擦对方的头部或身体，表示同意对方的求爱，于是进行配对和交尾。

雌鸟找到合适的伴侣之后，就开始筑巢。它们的巢建在大树的顶部或岩石峭壁的上面，利用树枝等编织而成，巢壁比较简陋，巢内铺垫纤细的树枝及海草等柔软物质。它们虽然共同筑巢，但也有不同的分工，雄鸟主要负责衔来巢材，递给雌鸟，雌鸟再用这些巢材在树上或灌木上筑巢。有趣的是，它们筑巢用的树枝、海草等材料，也多是采用掠夺食物的方法，从鲣鸟等鸟类的口中夺取。新巢建成以后，雌鸟便在其中产卵，每次只产1~2枚白色的卵。这时雄鸟要暂时离开它的伴侣外出旅行几天，只有雌鸟单独留在巢内孵化。等到雄鸟旅行归来，它们就不再外出觅食，开始轮流孵卵。40天以后，雏鸟就会破壳而出。

刚出生的军舰鸟并没有那么漂亮。刚出壳时，它们浑身上下赤裸无羽，连眼睛也睁不开，当然也不会自己捕食，需要雄雌亲鸟喂食。雄雌亲鸟外出捕到食物后，先在自己的胃中进行半消化，然后再吐出来喂养雏鸟。给雏鸟喂食主要依靠雄鸟，因为它往往能捕获到更多的食物，甚至还将多余的食物供给雌鸟，以便使雌鸟一心一意地照看雏鸟。不过这时雄鸟喉部漂亮的红色喉囊已经逐渐失去了艳丽的色彩，并逐渐萎缩。如果有天敌来侵犯雏鸟，亲鸟们就会在巢的附近与对方拼个你死我活，以便保护雏鸟。雏鸟慢慢长大，身上逐渐披上了白色的绒羽，但仍然要靠亲鸟喂食，到半岁以后，雏鸟才开始学习单独飞行。长大的幼鸟学会飞行后，已经身强力壮，能够自己捕食了，便离开亲鸟，开始独立生活，但一直要到2岁以后它们才能完全换成成鸟的羽饰，达到性成熟。

白腹军舰鸟的分布范围不大，在我国仅见于广东沿海一带，数量也很稀少，估计全世界的总数尚不足1600对。它不仅是我国的一级保护动物，还被列入国际鸟类保护委员会的世界濒危鸟类红皮书中。

爱情模范——吼海雕

<u>中文名；吼海雕</u>
<u>英文名；Haliaeetus vocifer</u>
<u>别名：非洲海雕、非洲鱼鹰</u>
<u>分布区域：撒哈拉沙漠以南的大部分非洲大陆版图</u>

吼海雕喜欢独自狂呼，有时也夫唱妇随，其吼叫声极有穿透力。它们是白头海雕的近亲，头部拥有与白头海雕一样的白色羽毛，尾羽和腹部也是纯洁的白色。它们生活在非洲南部的大多数地区，只要有河流湖泊，便有吼海雕的身影。

吼海雕的食物中90％以上是各种各样的鱼。吼海雕捕鱼的姿势很优美，先是站在树上凝神观察水面，一旦发现鱼类的踪迹便疾扑过去，伸出爪子牢牢抓住鱼并将它带离水面。吼海雕虽然是鹰中的捕鱼高手，但它们的爪子力量很弱，如果捉到的鱼体重超过1.8千克，便很难从水上飞起，这时，它们只好落在水面上，用爪子继续抓鱼，然后用翅膀奋力前划，等到上了岸，才能享用这来之不易的美餐。

勤劳的吼海雕能相伴走过很多岁月，它们会严守着动物世界里的一夫一妻制，相濡以沫，相伴终身。对吼海雕而言，不但像人一样执著和情感深厚，也同样有安土重迁的观念。"燕子归来寻旧垒"，吼海雕也对旧巢有着浓厚的眷恋。它们在大树上搭窝，会筑下数个巢穴，只有其中的一个会被用于产卵和孵卵。这个巢会被重复使用并不断加固，这样日复一日，巢逐渐变大，直径甚至可以达到2米，深超过1米。

吼海雕的繁殖季节是在旱季。雌性吼海雕一次可以产下1~3枚卵，接下来就是漫长的孵化期。小家伙们并不是同一个时间出壳的，最先出壳的那个才有生存的权利，它会不顾亲情，将自己的兄弟姐妹一一杀死，独自享受父母的恩宠。

吼海雕的成长需要经历一个漫长的过程。从出生到发育成熟，需要5年的时间，这中间会经历许多的不测。再加上吼海雕杀死手足的遗传法则，使得它们的繁殖率一直不高。在非洲，虽然它们因经济价值不高而免于遭受人类残酷的迫害，但由于人类活动范围的扩大，环境污染的加剧，吼海雕的生存面临着灭绝的危险，它们仍然是需要人们关注的物种。虽然它们不能拥有近亲白头海雕作为国鸟的光荣，然而在自然中，它们也应有一片属于自己的可以安栖的乐园。

捕蛇能手——蛇雕

中文名: 蛇雕

英文名: Spilornis cheela

别称: 大冠鹫、白腹蛇雕、凤头捕蛇雕

分布区域: 南亚、缅甸、中南半岛、马来西亚、印尼、日本、菲律宾和中国

蛇雕的形象十分威武，是体型中等的猛禽，体长55~73厘米，体重1.15~1.7千克。它的上体为暗褐色或灰褐色，具窄的白色羽缘。它的头呈黑色，具显著的黑色扇形冠羽，其上被有白色横斑，尾上覆羽具白色尖端，尾羽呈黑色，

中间有一个宽阔的灰白色横带和窄的白色端斑。喉部、胸部为灰褐色或黑色，有暗色虫蠹状斑，其余下体皮为黄色或棕褐色，有白色细斑点。蛇雕飞翔时从下面看，通体为暗褐色，翼下具宽阔的白色横带和细小的白色斑点，尾下亦有宽阔的白色横带和窄的白色尖端，非常引人注意。站立时尾羽常左右摆动。它的虹膜为黄色，嘴为蓝灰色，先端较暗，蜡膜为铅灰色或黄色，跗跖裸出，被网状鳞，黄色，趾也是黄色的，爪是黑色的。

蛇雕喜欢栖息和活动于山地森林及其林缘开阔地带，经常单独或成对活动。常在高空翱翔和盘旋，停飞时多栖息于较为开阔地区的枯树顶端枝杈上。叫声凄凉。主要以各种蛇类为食，也吃蜥蜴、蛙、鼠类、鸟类和甲壳动物。

蛇雕善于捕蛇。蛇身体细长、滑溜，很不容易抓牢，更不容易捕捉，即使被抓住之后，蛇体的其他部分也会反过来卷缠，其巨大的缠力，往往使捕食者窒息致死。如果是毒蛇，还有一副难以抵御的毒牙，更使很多进攻者望

而却步，因此专门以蛇为食的动物并不多见。而在蛇雕的跗跖上覆盖着坚硬的鳞片，像一片片小盾牌紧密地连接在一起，能够抵挡蛇的毒牙的进攻；蛇雕长着一双宽大的翅膀，上面覆盖着丰厚的羽毛，这可以阻挡蛇的进攻；它的脚趾粗而短，能够有力地抓住蛇的身体，使其难以逃脱。所以蛇被擒获之后，很难对蛇雕进行反击，这就是蛇雕之所以能成为捕蛇能手的主要原因。

蛇雕捕蛇和吃蛇的方式都十分奇特。它先是站在高处，或者盘旋于空中窥伺地面，发现蛇后，便从高处悄悄地落下，用双爪抓住蛇体，利嘴钳住蛇头，翅膀张开，支撑于地面，以保持平稳。很多体型较大的蛇并不会俯首就擒，常常疯狂地翻滚着、扭动着，用还能活动的身体企图缠绕蛇雕的身体或翅膀。蛇雕则不慌不忙，它会紧紧地抓住蛇的头部和身体不放，同时甩动着翅膀，摆脱蛇的反扑。当蛇渐渐不支，失去进行激烈反抗能力时蛇雕才开始吞食。

蛇雕的嘴没有其他猛兽发达。这是因为蛇雕捕捉到蛇后大多是囫囵吞食，不需要撕扯。但蛇雕的颚肌非常强大，能将蛇的头部一口咬碎，然后首先吞进蛇的头部，接着是蛇的身体，最后是蛇的尾巴。在饲喂雏鸟的季节，成鸟捕捉到蛇后，并不全部吞下，它会将蛇的尾巴留在嘴的外边，等回到巢中后，就能使雏鸟叼住这段尾巴，把整个蛇的身体拉出来吃掉。

黄金眼战士——猛雕

中文名：猛雕

英文名：Martial Eagle

别称：战雕、军雕

分布区域：非洲中南部地区

猛雕是鹰里面相对来说比较大的，它的身长约76~96厘米，翼展在188~260厘米，正常体重约在3.1~6.2千克。成年猛雕的羽毛是黑褐色，头部和胸部也是黑褐色，腹部为白色，上面点缀着黑色斑点。猛雕的雌性通常比雄性要大，未成年的雕和成年的比起来差别很大，它的上半身是灰白色的，

下半身是白色的，当它7岁的时候才能长出成年猛雕一样的羽毛。猛雕的头上有灰色的耳羽，乍看上去好像是非洲草原上战士的羽冠。金睛褐瞳，黑喙如铁，转盼之间，杀气十足，一副威风凛凛的"黄金眼战士"形象。黑色的爪子，锋利似刀，据说它的力气之大，足以抓起一名成年男子。

猛雕的首选栖息地是半沙漠的稀树草原，它们尽可能地避免在茂密的森林里活动，树木稀疏会给它们提供更为开阔的视野。猛雕的领地根据食物的情况而变化，大的可以达到100平方千米，小的仅有10平方千米。

猛雕生活的非洲草原为它提供了展翅翱翔的广阔空间，它拔地而起，不断飙升，直至肉眼看不到它们为止。飙升到空中的猛雕经常会停在空中，用它的黄金眼360°全方位地搜索猎物，一旦猎物进入视野，猛雕会选择合适的角度猛扑下来，迅速予以捕杀。合适的角度往往会减轻空气的阻力，使得捕猎的成功率大为提高。在捕猎中，猛雕会以家庭的形式成对出现，捕猎范围可达100平方千米以上，它们经常在这样大的范围内徘徊。同一地区的狩猎活动可以持续数天，然后向下一个地区转移。清晨，是猛雕一天活动开始的时候，翱翔长空，寻找猎物。到了傍晚，它们会带着落日的余晖和一天的疲惫归巢休息。

猛雕的猎物相当丰富，大到水滨生活的鹳类，小到在地上栖息的珍珠鸡、鹧鸪和大鸨。在一些地区，哺乳动物则构成了猛雕的主要食物，野兔、未成年的狒狒、蹄兔、猫鼬、小羚羊都是它们的美餐。值得注意的是，猛雕曾经攻击过32千克重的小羚羊，这是它们体重的四五倍，虽然不能把猎物带回巢中，它们将猎物杀死之后，便在原地反复享用。当然，猛雕在有些时候也会攻击家禽家畜，但这种现象毕竟很少。

在发情期，猛雕不会采取它独特的飞行方式向异性示爱，而是用一种类似于大声哭泣的"咔啦—咔啦—咔啦"的声音来表达爱意。猛雕的巢建在树上，在南非，它们有时候会将巢建在发电站里面。巢很大，年复一年的使用，据动物学家测量，猛雕的巢直径可达2米，深达0.9米。猛雕每两年才产1枚蛋，之所以这样，与它们生活的环境有关，如果旱季的时间过长，猛雕会尽可能地将产卵期推迟到雨季，这样可以保证食物的充足。它们的孵化期是45天，一般由雌性来完成，雄鸟偶尔也会担当孵卵的工作。雏鸟出生后，喂养的工作由雌鸟完成，雄鸟一般不给雏鸟喂食。初生的雏鸟全身光秃秃的，非常虚弱，20多天之后它就会变得活跃起来，32天左右，雏鸟的羽毛开始生长。出生后60天，雏鸟就可以用自己的嘴巴和爪子撕裂食物，这时候，雄鸟便可以捕来猎物供雏鸟进食。3个月之后，雏鸟便可以学习飞行，第一次飞行它不会飞得很远，回到巢中它可能会休息好几天。随着不断的训练，雏鸟逐渐地离巢越来越远，开始自己的独立生活。

猛雕最大的天敌就是人类，它们经常会被人类射杀或者毒害，原因很简单，许多人认为猛雕是杀害家禽家畜的罪魁祸首，射杀它们在人类的观念中变得理所当然。实际上，猛雕攻击家禽家畜的行为相当少见，随着国家公园和保护区的建立，猛雕的种群数量在不断地扩大，它的出现被当做检验环境状况的标志之一。

最高贵的飞翔者——食猴雕

中文名：食猴雕

英文名：Pithecophaga jefferyi

别称：菲律宾鹰

分布区域：菲律宾吕宋岛、沙马岛、雷伊泰岛、民答那峨岛的森林

老虎堪称"兽中之王"，这对于我们来说并不陌生。在鹰的国度里，也有号称为"鹰之虎"的雕——食猴雕。

食猴雕体格健壮，身长约为1米，重达4千克以上，两只翅膀展开后可长达3米。头部后面有许多柳叶状冠毛，色黄有斑点。食猴雕上半身羽毛呈深褐色，下半身呈浅黄或与白色相间。低山至开阔的草原地带都有食猴雕活跃，它们常把巢筑在岩壁、乔木或灌木丛中，用枯枝和芦苇等编成，内铺兽毛和草。它们4~5月份产卵，幼鸟于8月底离巢。

1984年的一天，一些动物学家在菲律宾的热带森林中进行考察时，发现在丛林中嬉戏玩耍的猴子中，有几只成年猴突然叫喊着朝密林深处狂奔离去了。小猴们也一边尖叫一边逃跑……他们猛然抬头才发现，天空中数只庞大的褐色的鹰盘旋着，它们看着好像是悠闲自在地在高空滑翔，忽然，向着陆地猛冲下来。警戒的群猴们凭借着它们高超的攀爬技术，一次又一次地避开了鹰的抓捕。但不幸的是，几只受惊的弱小猴子由于体力不支没有跟上猴群。一只巨鹰不失时机地一个俯冲，朝幼猴猛扑过去，尖利而有力的脚爪狠狠地抓住了猴身，尖锐得像钩子一样的喙部凶猛地敲击猴子的头部……几只壮年

猴子眼睁睁地看着幼猴被吞食，却无能为力，它们撕心裂肺地嚎叫着，很想与巨鹰进行搏斗，但又害怕自己丧命其中，很是无奈。筋疲力尽的幼猴竭尽全力地挣扎着，但最终还是丧命在巨鹰的利爪下，森林中大片的土地被幼猴的鲜血染红……

这些捕食猴子的杀手就是菲律宾鹰，由于它们在抓捕猴子时格外凶狠，因此被称为"食猿雕"、"食猴雕"。它们是世界上最大的猛禽之一，活跃于热带雨林中，是典型的森林猛禽。它们有长而宽大的翅膀，末端圆，尾巴很长。有利的身体构造使它能够迅速而灵活地飞行在树枝间，在树枝间移动是它们典型的捕猎方式，它们有时停在栖木上悠闲地等候猎物，有时也会翱翔在热带雨林上空，主要捕猎树栖动物，如猫猴、灵猫、蜥蜴、蝙蝠、犀鸟、蛇、野兔、猕猴及田鼠等。

食猴雕被人们赞为世界上"最高贵的飞翔者"，是菲律宾的国鸟。

由于人类的滥杀滥捕，再加上土地的开垦占用了大面积的森林，食猴雕活动的范围越来越有限。除了恶劣的外部生存环境外，食猴雕独来独往的性情也为它们的生存带来了诸多的麻烦。据动物学家观察，食猴雕一生只求一个伴侣，无论发生什么变故，都无法动摇它对爱情的忠贞，但如今已面临着灭绝的危险。

空中航母——金雕

中文名：金雕

英文名：goldeneagle

别称：黑翅雕、洁白雕、金鹫

分布区域：亚洲东南部、俄罗斯、哈萨克斯坦、土耳其、阿富汗、巴基斯坦、美国、墨西哥等地

    金雕的英文名是"goldeneagle"，也就是"金色的鹰"。但实际上，它们并不是金色的，只有在阳光照耀下，头部和颈部的羽毛才会反射出金属的光泽。

在北半球，金雕是赫赫有名的猛禽，它们以高超的飞行和猎食能力著称于世。

金雕是北半球上一种广为人知的猛禽。金雕以其突出的外观和敏捷有力的飞行闻名。金雕性情凶猛残暴，体态雄伟，嘴似弯钩，尖刃如针，爪如钢刺，锋利无比。金雕的头顶为灰褐色，上体为赤褐色，肩羽和翅膀为暗紫色，尾羽为灰白色，飞翔时在阳光的反射下有金属光泽，亦称"金雕"。金雕站在山头就像是一个人坐在山尖上，抬头远眺，俯视山野，又被称为"座山雕"。

成年金雕体型巨大，体长1米左右，翼展可达2.3米，双翼展开像一个偌大的风筝，腿爪上全部都有羽毛覆盖着。它们以鹑、鸠、鸽、雉、幼麝和野兔等为食，也吃大型动物尸体，有时也攻击狍、野猪幼体等动物。

金雕种群数量很少。一般生活于丘陵或多山地区，特别是山谷的峭壁，筑巢于山壁凸出处，栖息于荒漠、高山草原、森林和河谷地带，冬季亦常到山地丘陵和山脚平原地带活动，活动地带最高海拔可达4000米以上。

金雕的取食范围极大，依据当地食物资源的丰富程度不同，一对金雕的取食范围常在十几平方公里到几十平方公里之间。

金雕每年3、4月间开始繁殖，一窝产卵1~3枚，卵的颜色为青白色，带有大小不等的深赤褐色斑纹，孵化期为35~45天，雏鸟76~85天就可以离开巢

穴。金雕由雌鸟孵化育雏，雄鸟负责捕食。跟白头海雕一样，当食物资源严重短缺时，先出生的幼鸟会吃掉后孵化出的幼鸟。

金雕有极快的飞行速度。聪明的金雕还会利用气流的托力，在高空盘旋以便伺机抓获猎物。在追捕猎物时，它们的速度和猛禽中的隼的速度差不多。它们三趾向前，一趾朝后，趾上都长有像狮虎一样的又粗又长的角质利爪，内趾和后趾上的爪更为尖利。在抓捕猎物时，它们的爪能够像刺刀一样迅速地刺进猎物的"软肋"，撕开皮肉，刺破血管，甚至将猎物的脖子扭断。它们还利用巨大的翅膀袭击猎物，有时候一个翅膀扇过去，就可以直接将猎物扑倒在地。

因其勇猛威武的形象，金雕成为墨西哥的国鸟，另外古巴比伦和罗马帝国也都把它当做王权的象征。

空中美洲豹——哈佩雕

中文名：哈佩雕

英文名；harpy eagle

别称：角雕

分布区域：从墨西哥到阿根廷北部

哈佩雕被鸟类学家称为"鸟类中的大白鲨"和"空中美洲豹"，它其实不是真正意义上的"雕"，而是介于雕与鸢之间的鸟类。

"哈佩"一词源自古希腊神话，原指一种半人半鸟的妖怪，早期到达美洲的西方探险家因见这种雕威猛彪悍，因此为它取了哈佩雕这个名字。

哈佩雕属隼形目，鹰科，是大的猛禽类中的一类，同其他鸟类一样，白天活动。成年哈佩雕的体重可达9千克。有人曾经在墨西哥的丛林中捕获过一只巨型哈佩雕，它的体重竟然超过13千克！它身体庞大，因此力量也大，嘴和脚都强壮有力，并且它身材还算优美，飞行能力也很强。

哈佩雕目光敏锐。在近50米的空中，哈佩雕依然能清楚地看见地面上爬行的蚂蚁。它在追逐猎物时，时速可高达80公里。哈佩雕拥有高超的猎捕能力，约捕猎19种动物，多以树栖哺乳类为主，并且特别喜欢抓捕蛛猴和吼猴，另外还包括负鼠、长吻浣熊、食蚁兽、树懒等。

哈佩雕的一个亚种——哈佩大雕，头上有黑色羽毛的鸟冠，上体呈黑色，腹部呈白色，胸部有黑色的条纹，体长可达1米。另一个种类——新几内亚哈佩雕，体长约75厘米，羽毛呈灰褐色，尾巴较长，鸟冠短而丰满。

哈佩雕年复一年地住在同一个窝里，它们过着"一夫一妻"制的生活。

它们的窝筑在人类和其他动物不易接近的地方，它们两三年才交配一次。它们5月下旬期间筑巢，巢建在高出地面约40米的树上。6月中下旬，它们开始产卵，孵化期约需要56天。雌雕一般情况下只产1枚卵，就算偶然性地生下2只，也仅仅选择先出壳的那1只，所以哈佩雕的繁殖率很低。雄雕负责在繁殖期间外出捕食，雌雕和雏雕只需待在家里等着雄雕带回食物就行了。幼雕至少需要在父母的领地里生活1年。雕的成熟期也需要很长时间，大概要到三四岁时，幼雕的羽毛才能丰实起来。一只哈佩雕大概能活30岁。

随着热带雨林不断遭到破坏，哈佩雕栖息和狩猎的地盘逐渐缩小，再加上严重的非法偷猎行为，哈佩雕濒临灭绝。因此，在中美洲，各个哈佩雕产地国家都采取了一系列的措施，有的国家为它们划定自然保护区，有的为它们建立专项的保护基金，有的在科学方面展开对它们的人工繁育。为了保护这一珍稀鸟类，中美洲的巴拿马更是把哈佩雕定为国鸟来加以保护。

秘书鸟——蛇鹫

中文名：蛇鹫
英文名：secretary bird
分布区域：非洲

　　蛇鹫为大型猛禽，体型似鹤，分布于从非洲塞内加尔、索马里到南非好望角一带。它的体长为125~150厘米，体高100厘米，体重2.3~4.27千克，在猛禽中可算得上是"鹤立鸡群"了。蛇鹫的头和颈部披有长凤冠，嘴似隼嘴，

而无蜡膜，但嘴与眼间有裸皮。腿细长适于捕蛇，前三趾短而强，微有蹼相连，后趾很小。它的中央尾羽很小且细长，其他逐渐变短。它的体羽为淡灰色，腰和腿部为黑色。它的头部、颈部裸露，呈粉红色至鲜红色。它的颈部有稀疏羽冠和

匙状羽。它的体羽主要为褐黑色。在鸟类世界里，蛇鹫是特别出名的，因为它从名字到形象都十分奇特。

蛇鹫的头后长着一排长长的羽冠，每一根都像国外古代的秘书们常用的羽毛笔，因而得名"秘书鸟"。也有人叫它"书记鸟"，因为它的一根根冠羽，使人联想起古时候外国那些耳朵后面夹着鹅毛管笔的书记官。

蛇鹫的巢通常筑在灌木或乔木顶部，巢大而扁平，直径约有2米，用杂草编制而成，因为有稠密的树叶掩盖，所以不易被发现。在繁殖季节，雌鸟每窝产卵2~3个，卵为白色，椭圆形。孵化期约45天，由雌鸟孵化。雏鸟出世后要在巢内待80~98天。在这段日子里，亲鸟十分忙碌，外出带回昆虫、鼠类等食物喂养。大约3个月后，幼鸟长大，开始独立生活。

蛇鹫的头上长着两只有神的大眼睛，一张锐利的钩状嘴巴和一对长长的、展开时宽度达200多厘米的翅膀。它的身躯较短，下面有一双光秃秃的长腿，身后边还拖着两根很长的尾羽，长相非常奇特。由于蛇鹫的特殊形象，学术界对它在分类上的归属，一度存在着较大的分歧。有人根据它的一双灵巧而有力的长腿颇像鹤类，把它与鹤归于一类；又有人根据它锐利的钩嘴和利爪颇

似猛禽，将它归入鹰隼一类。最后，还是根据它那古怪的相貌、凶猛的特性，把它单独列为猛禽中的一类。

蛇鹫栖息于开旷的草地上，以小型兽类、鸟类、昆虫，特别是蛇类为食。虽然它不喜欢飞行，有时却能凌空大翻跟头，一面翻滚，一面把一小撮泥土抛向空中，然后双足落地。蛇鹫的这种奇怪动作可能是一种游戏，或者是在发展和熟练它们未来的应变能力，也许是在闪避它所扑击而没有抓到的毒蛇。

当蛇鹫发现蛇时，先是慢慢潜近或静待猎物近身，然后，头后的羽冠像扇子般展开，紧张地在蛇的周围转动和跳跃，虎视眈眈地寻找进攻的机会。蛇见到来者不善，也不甘示弱，常伸高头颈，射出凶煞目光，伸出长舌，想来个"先发制人"。可是聪明的蛇鹫，总是灵活地闪开蛇的正面攻击，及时绕到它的背后，使蛇找不到攻击目标，无心恋战。它正要俯身逃窜时，蛇鹫便猛扑过去，用强有力的脚狠击蛇的头部，然后马上跳离，再找合适机会给蛇以迎头痛击，直到蛇头击碎为止，然后慢慢吞食。如果遇到大蛇，它会把蛇抓住起飞，然后从空中摔下，这样反复几次，蛇就被摔死了。此时，它再把大蛇扯成一段一段吞进肚子里。

黑夜死神——夜鹰

中文名：夜鹰

英文名；nightjar

别称：贴树皮、蚊母鸟

分布区域：遍布我国东部，自东北至海南岛，西抵甘肃、西藏等地

许多种食虫鸟类都是栖落在树枝间或地面上觅食昆虫的，比如各种山雀、各种柳莺、啄木鸟、鹏等，而有一些鸟类如燕子、雨燕、夜鹰等习惯在空中捕食昆虫。燕子、雨燕它们终日在空中飞舞，忙于捕虫，动作轻盈而敏捷，所以人们有"轻如飞燕"的说法。而提起夜鹰，就有一些神秘色彩了，因为它不像大多数鸟类那样白天活动，而总是在黄昏到来之际飞上天空。

夜鹰并不是夜间活动的鹰，它与鹰并没有什么亲缘关系，与歌喉婉转的"夜莺"也更是风马牛不相及。夜鹰的叫声非常奇特，黄昏过后的山林中常可以听到"啾啾啾……"一连串急促的叫声，听起来好像是在打机关枪，这就是夜鹰在一展歌喉了。

夜鹰非常适于夜间生活，因为它们的视力和听觉都非常好，有时夜间蹲在路上，一双大眼睛闪闪发亮，很容易引起行人的注意。正是这双大眼睛，使它可以清楚地看到夜间飞舞的昆虫。它浑身的羽毛又松又软，飞行起来悄无声息，双翅缓慢地鼓动，不时地回转盘旋，好像漂浮在夜空中一样，难怪北方有些地方把它叫做"鬼鸟"。有时，夜鹰为了追捕昆虫，还会突然曲折地环绕着飞行，样子并不比轻盈的飞燕逊色。

　　夜鹰的嘴张开后特别大，而且很宽阔。飞翔时嘴巴大大地张开，像是凌空挥舞的昆虫网，捕捉飞行中的昆虫。它宽大的嘴角边缘还长有长长的硬须，这更增大了"昆虫网"的拦截面积。夜鹰的巨嘴非常适于捕食夜间活动的大型蛾类，有时黄昏归巢的小型柳莺也会晕头晕脑地撞入"网"中。其次就是各种各样的甲虫。蚊一类的小昆虫也能给夜鹰补充一部分营养，有人就曾在一只夜鹰的胃中解剖出500多只蚊子。很早以前，一些欧洲人还不能理解夜鹰大嘴的功能，他们常发现夜鹰在夜间出没于羊圈中，于是大嘴、羊圈、羊奶就被联系起来，认为夜鹰是趁夜间偷吮羊奶，所以把它称作"吮羊奶鸟"。其实不过是羊圈的气味招引蚊虫，又引来夜鹰而已。

　　夜鹰晚上频繁出没，白天却极少活动，时常一动不动地趴在树干的水平枝上，身体紧贴在树干上。由于它的羽色以棕灰褐色为主，杂有密集的黑纹，远远看去像一块树皮，所以老乡们就叫它"贴树皮"。夜鹰也常一动不动地趴在地面的枯枝落叶间，即使是近在咫尺，也让人难以看出。所以常有些夜鹰无端地被踩死在地上。

翱翔万里——苍鹰

中文名:苍鹰

英文名:Goshawk

别称:牙鹰、黄鹰、鹞鹰、元鹰

分布区域:北美洲、欧亚大陆和非洲北部

苍鹰是强壮的中型猛禽,是自然界中常见的鸟类。其体长47~60厘米,体重0.65~1.1千克。它的虹膜为金黄色,嘴为黑色,嘴基呈铅蓝灰色,蜡膜为黄绿色,脚和趾为黄色或黄绿色,跗跖的前面有大型的盾状鳞片,爪为黑

褐色。上体为深苍灰色，后颈杂有白色细纹，下体为污白色，颏部、喉部和前颈具有黑褐色的细纵纹，胸部、腹部满布暗灰褐色的纤细横斑，方形尾羽略长，上有4条黑色的横带，眉纹为灰白色，尾下覆羽为白色。它飞行时两翼宽阔而较长，翼下白色而密布黑褐色横带。它翱翔时通常呈直线飞行，两翅平伸，或微伸向上，有时也缓慢扇动两翅，进行鼓翼飞行。

　　苍鹰是森林中的肉食性猛禽，栖息于不同海拔高度的针叶林、混交林和阔叶林等森林地带，也见于山地平原和丘陵地带的疏林和小块林内。它视觉敏锐，善于飞翔，白天活动，性很机警，亦善隐藏。通常单独活动，叫声尖锐洪亮。在空中翱翔时两翅水平伸直，或稍稍向上抬起，偶尔亦伴随着两翅的扇动。苍鹰大多隐蔽在森林中树枝间窥伺猎物，除迁徙期间外，很少在空中翱翔。由于苍鹰飞行快而灵活，能利用短圆的翅膀和长的尾羽来调节速度和改变方向，在林中或上或下，或高或低穿行于树丛间，并能加快飞行速度在树林中追捕猎物。有时它也在林缘开阔的上空飞行或沿直线滑翔，窥视地面动物活动，一旦发现森林中的鼠类、野兔、雉类、榛鸡、鸠鸽类和其他中小型鸟类的猎物，则迅速俯冲，呈直线追击，用利爪抓捕猎获物。它的体重虽然比中型猛禽要轻1/5左右，但速度要快3倍以上，伸出爪子打击猎物时的速度为每秒钟22.5米。所以苍鹰捕食的特点是猛、准、狠、快，具有较大的杀伤力。凡是力所能及的动物，它都要猛扑上去，一只脚上的利爪足以刺穿对方的胸部，另一只脚上的利爪剖开其腹部，先吃掉鲜嫩的心、肝、肺等内脏，再将鲜血淋漓的尸体带回栖息的树上进行撕裂啄食。

苍鹰于每年的4月下旬迁到东北地区，开始择偶。它的活动范围较广，但活动隐蔽。如果我们见到苍鹰在天空成对翻飞，相互追逐，并不断鸣叫，表明此时配对已完成。它们常常选择在林密僻静处较高的树上筑巢，并常利用旧巢，用新鲜桦树、糠椴及山榆和枝叶及少量羽毛修巢。雌鹰产卵后仍会修巢。等到雏鹰出壳后，修巢速度随雏鸟增长而加快。雏鹰主要由雌鹰来喂养，雄鹰担任警戒任务。

刚出壳的雏鸟身被白色绒羽，眼睛能睁开，虹膜为灰褐色。嘴为铅灰色，卵齿呈长棱形，为白色，爪是灰白色的。十几天后，雏鸟就能够长出初级飞羽，1个月后，即可以站在枝头，或自由飞翔。

聪明之鸟——渡鸦

中文名：渡鸦

英文名：Raven

别称：老鸹、渡鸟、胖头鸟

分布区域：世界各地

渡鸦是鸟中的智者、天才，这完全在于它们有发达的大脑。曾经有科学家做过一个有趣的试验，测试渡鸦的洞察力以及解决问题的能力，结果在被测试的5只渡鸦中有4只能轻而易举地完成了任务。渡鸦有极强的模仿能力，除了模仿不同环境的声音，还会模仿人类说话。它们发出的声音有几十种之多，不同的声音有着不同的功能，如发现敌情时的发布警报等。

渡鸦的智慧在获取食物时得到了完美的体现。它们会在某一个地方藏起食物，等以后独自享用。隐藏食物是许多动物都有的行为，并不稀奇，然而，渡鸦发现同类在藏食物时，会很用心地记下藏匿的地点，然后，趁物主不注意时偷走食物据为己有。这种偷食现象在渡鸦群中非常普遍。它们在偷食前会选择离食物源很远的地方来藏匿，而且还会摆"迷魂阵"，迷惑那些躲在一旁的偷窥者。

年轻的渡鸦对家庭和集体十分热爱。它们懂得团结的力量，具有很高的群体意识，在捕获食物时，它们总是成群出没，抢得到便抢，偷得到便偷，狼、北极狐等都是它们捕猎的对象。成群的渡鸦可以和鹰一争高下，将鹰打得落荒而逃。

一直以来，人们都认为，渡鸦是不祥之物，它会带来厄运和死亡，再加上它如夜一般黑的羽毛和聒噪的啼声，更招来人们的厌恶。渡鸦当然没有引领死神的能力，但它的狡黠有时令驱赶它的人无可奈何。

渡鸦对周围环境的适应能力很强，其毫不挑剔的习性以及巧取豪夺的生活方式，使得它们家族"鸟"丁兴旺。在一些地方，渡鸦大量繁殖生存，甚至泛滥成灾。它们毁坏庄稼、伤害牲畜，甚至破坏了当地的生态平衡，从很早开始，人们就在想方设法驱赶为害的渡鸦了。

第三章

原野主宰——陆地凶猛动物

　　它们是森林中的主宰，它们或有庞大的身躯，或有结实的肌肉，或有惊人的力量。它们是依赖森林生物资源和环境条件取食、栖息、生存和繁衍的动物种群。它们是森林生态系统的重要组成部分，包括老虎、豹、狮子等，它们种群庞大，分布范围广。它们都有属于自己的特色捕猎技巧，被它们发现的猎物几乎难以逃脱。让我们一起来欣赏森林主宰的风采。

百兽之王——狮子

中文名：狮子

英文名：lion

分布区域：非洲大陆南北两端

狮子在非洲猫科动物中个头最大，它们总是成群出现，力量强大。在捕捉食物时，它们比其他捕食动物更威猛。

狮子是唯一一种雌雄两态的猫科动物，它有漂亮的外形、威武的身姿。狮子的体型巨大，公狮身长可达180厘水，母狮也有160厘米；狮子的毛发短，体色有浅灰、黄色或茶色，不同的是雄狮还长有很长的鬃毛，鬃毛有淡棕色、深棕色、黑色等，长长的鬃毛一直延伸到肩部和胸部。成年雄狮体重可达200千克以上，这使得它们有强壮的体格去捕获猎物。当然，那些庞大的非洲巨兽如河马和大象，不会成为它们追捕的对象。

有些人容易把狮子与美洲狮混为一谈。其实他们没能把狮子与美洲狮区别开来。

狮子属于猫科动物里的豹亚科，而美洲狮则为猫亚科。狮子的耳朵比较短，而且很圆。而美洲狮的耳朵则比较长，耳尖也比较尖。另外，狮子的前肢比后肢更加强壮，它们的爪子也很宽。狮子的尾巴相对较长，末端还有一簇深色长毛。狮子的头部巨大，脸型颇宽，鼻骨较长，鼻头是黑色的。

狮子曾一度绝迹。欧洲东南部、中东、印度和非洲大陆，都曾是狮子的生活地。公元1世纪前后，生活在欧洲的狮子因人类活动而灭绝。20世纪

初，生活在亚洲的狮子尤其是印度的狮子差点被英国殖民者猎杀殆尽，幸好一向将狮子奉为圣兽的印度人最后保住了它们，将它们安置于印度西北古吉拉特邦境内的吉尔国家森林公园内。那里的狮子如今已繁衍了大约300~400头。生活在西亚的亚洲狮因偷猎而灭绝后，吉尔国家森林已成了亚洲狮最后的栖息地……

在非洲的撒哈拉沙漠以南至南非以北的大陆、广阔草原、开阔林地、半沙漠地区，也有狮子的生活踪迹。在肯尼亚海拔5000米的高山中，也生存着许多狮子。

与其他猫科动物最不同的是，狮子属群居性动物。一个狮群通常由4~12个有亲缘关系的母狮、它们的孩子以及1~6只雄狮组成。一个狮群成员之间并不会时刻待在一起，不过它们共享领地，相处比较融洽。例如，母狮们会互相舔毛修饰，互相哺育和照看孩子，当然还会共同狩猎。狮群中的几只雄狮往往也有亲属关系，狮群的大小取决于栖息地状况和猎物的多少。东非的狮群往往比较大，因为那里的食物充足。最大的狮群可能聚集了30只甚至更多的成员，但大部分狮群成员维持在15个左右，小一些的狮群也很常见。

狮群中的狩猎工作基本由雌性成员完成。这些巾帼英雄们总是协同合作，尤其是猎物个头比较大的时候，它们总是从四周悄然包围猎物，并逐步缩小包围圈，其中有些负责驱赶猎物，其他则等着伏击。这招虽然看着很厉害，但实际上它们的成功率却很低，只有20%左右。它们不论白天黑夜都可能出击，不过夜间的成功率要高一些，尤其是月黑风高的夜晚。一般情况下，风对狮子捕食来说没有多少影响，不过要是遇到大风天，它们捕捉猎物时就会得心应手，因为风吹草动制造的噪音会掩盖住这些女性猎手靠近的声音。如果狩猎地比较容易藏身，它们才容易获得成功，如果吃饱了，它们能五六天都不用捕食。

　　与雌狮相反，狮群中的雄狮很少参与捕猎，基本只负责"吃"。这与它们的大男子主义和懒惰无关。如果它们在开阔的草原上四处奔走，那夸张的鬃毛和硕大的头颅就会显露出来，吓跑猎物，给雌狮的狩猎生活带来极大不便。

　　虽然很少参与狩猎，雄狮却仍能得到母狮的尊重，优先享用战利品。等它们用膳完毕才是地位最高的母狮，最后才是孩子们。

　　一些大型猎物，例如野牛、羚羊、斑马，甚至年幼的河马、大象、长颈鹿等，都是狮子的狩猎对象。当然它们对小型哺乳动物、鸟类等也不会放过。有时它们还会仗着自己个头大，顺手抢其他肉食动物的战果，比如哪只在错误时间出现在错误地点的豹，甚至为得到猎物不惜杀死对方；另外，它们还会吃动物腐尸。

　　科学家发现了一个奇怪的现象，就是狮群中的母狮可能会在任何时候进入婚配状态，而且母狮们这点上总有同步性。不过这为狮群中的孩子们年龄基本相当提供了保障，每个妈妈都能给不同的孩子哺乳，当有些妈妈出去捕猎，剩下的妈妈就会义不容辞地担当所有孩子的保姆。而且没有生育的母狮也会负起照看狮群孩子的责任，为它们舔毛，并和它们一起玩耍。

王者风范——老虎

中文名：老虎
英文名：tiger
分布区域：东北亚和东南亚

　　和其他动物相比，老虎在人们的心目中具有举足轻重的地位。到了后来，老虎们则成了"保护者"的象征。而老虎在这个星球上的生存状态也代表了人类在努力协调与其相互矛盾的需求和欲望。

　　一般说来，人们认为老虎和狮子是猫科动物中体型最大的，事实上也是如此，老虎和狮子的体型大小差不多。在印度次大陆和俄罗斯都曾经发现过世界上最大的老虎，在那些地方，雄性老虎的体重平均在180~300千克之间。但是在印度尼西亚苏门答腊岛上，雄性老虎的体重平均只在100~150千克之间。

　　老虎和其他的大型猫科动物一样，要靠捕猎才能生存下去，而这些猎物往往比老虎本身的块头还要大。老虎的前肢短而粗，有着长长的锋利的爪子，而且这些爪子是可以收缩的；一旦老虎"看上"了一只大型的猎物，这些外在条件就能保证它把猎物捕获。老虎的头骨看上去像缩短了一样，这让它本来就很强大的下颚更为增加了力量。它们通常会从猎物的背后袭击，在脖子上咬上致命的一口。有的时候，它们还会紧紧地咬住猎物的咽喉处，使猎物因窒息而死。

　　然而，完完全全属于老虎独一无二的特征的，还是它们背上黄白相间的

皮毛、黑色的斑纹——事实上，每只老虎的身上都有它自己特殊的图案，通过这些图案就能分辨出单个的老虎。如果你去过动物园，就知道白老虎通常是最不常见的。这种老虎可不是靠科技上的白化变出来的，它们都是一只名叫"莫汗"的老虎繁衍出来的后代——"莫汗"是被印度中央邦雷瓦地区的王公捉住的一只雄性孟加拉虎。也有报道说，在印度其他地区曾经出现过全身几乎都是黑色的老虎。然而，不管是全身白色的老虎，还是全身都是黑色的老虎，这样的种类在野生动物界中都是极为罕见的。

尽管老虎的种类出现了皮毛上的变异，但令人惊奇的是，所有的老虎都拥有垂直的斑纹。这些斑纹为它们提供了非常好的伪装，借助这身伪装，老虎就能一直跟踪着猎物，直到距离猎物足够近的时候，再向猎物发动猛烈而致命的攻击，最后成功地捕获猎物。

狮子和猎豹的栖息地比较开阔，没有厚密的树林，所以它们在捕猎的时候，不会过度地隐蔽自己；老虎则不同，它们是最善于隐蔽自己和埋伏捕猎的肉食动物。在环境相对狭小而猎物又相对分散的情况下，老虎捕猎就很少合作，所以，老虎的社会体系相对松散。虽然它们相互之间保持着联系，但个体之间的距离却比较遥远。

多项无线电通讯的追踪调查研究表明，在尼泊尔和印度，雌性老虎和雄性老虎都有各自的领地，而且会阻止同性老虎进入。母虎的领地相对比较狭小，而且与这个地区食物和水的丰富程度以及要抚养的幼虎个数有很大关系。一头雄性老虎总是负责保护几头雌性老虎各自的领地，并且总是在试图扩大领地。一头雄虎的成功与否以及其领地大小，都取决于它的力量和战斗能力。通常雄虎不承担幼虎的具体抚养责任，它只负责保护好这块领地不受其他雄虎的侵犯就行了。

对老虎来说，在保住自己领地的过程中潜藏着危险，即便打赢了也可能受伤，甚至有失去捕猎能力的可能，最终导致饿死。因此，老虎会留下标记，暗示其他老虎这个地方已经有主人了，以尽量减少无谓的"战争"。其中一种标记就是尿液（但是混合了肛门附近的腺体分泌物），老虎把这种混合液撒在树上、灌木丛里和岩层表面等处；还有一种标记就是粪便和擦痕，老虎把它们

留在常走的路上和领地中所有明显的地方。通常，当一头老虎已经死亡而不能再继续拥有那块地盘的时候，外边的另一头老虎会在短短的几天或几个星期之内占领这块已经没有主人的地盘，并释放出某种气味信号。

老虎在3~5岁的时候达到性成熟，但是建立自己的领地和开始繁殖后代则需要更长的时间。母虎在一年之中的任何时候都可能生育幼崽，甚至在冬天也有老虎交配生崽。母虎到了发情期，会频繁地发出吼叫，而且加快某种气味标记释放的频率，以这种方式来告诉雄虎它要交配。交配期通常会持续2~4天。母虎平均怀孕103天后就会生产，通常每胎产2~3只幼崽。幼崽刚生出来的时候不能睁开眼睛，需要精心照料。至少在出生后第1个月的时间里，虎崽需要吃母虎的奶才能存活，而且要待在虎穴里保证安全。遇到某种危险的情况时，母虎会用嘴轻轻地叼着虎崽在两个巢穴之间转移。

虎崽长到一两个月大的时候，母虎就开始带着它们离开巢穴过野外生活，但当它们遇到追杀的时候，也会逃回原来的巢穴。当虎崽6个月大时，母虎就开始教给它们如何捕猎、如何进行隐蔽、如何杀死猎物等各项本领。雄虎一般是不参与抚养虎崽的，但是偶尔也会参加进来，甚至让母虎和虎崽们分享它捕到的猎物。当一头雄虎占领了一头母虎的地盘后，它就会杀死这头母虎原来所生的幼崽（也就是"杀婴行为"），然后迫使这头母虎的发情期提前到来，跟它交配，从而尽快地生出自己的后代。

虎崽一般至少要跟着母虎生活15个月的时间，然后才会逐步开始独立生活。这个时候，尽管幼虎的身体还没有完全发育成熟，但是，它只能主动地离开母虎，否则只能被母虎赶走，因为母虎通常在这个时候已经开始准备生育下一胎幼崽了。

新大陆虎——美洲虎

中文名：美洲虎

英文名：Jaguar

别称：美洲豹

分布区域：墨西哥至中美洲大部分地区，南至巴拉圭及阿根廷北部

　　美洲虎是新大陆最大的猫科动物，也是世界上濒危灭绝的哺乳类动物，也被当地人称为是"新大陆虎"。其实，美洲虎并不是虎，也不是豹，而是生

活在美洲的一种食肉动物。

美洲虎属于大型猫科（豹亚科）动物，有较多比例的黑色种，其体型仅次于老虎、狮子，其体长120~180厘米，尾长60~90厘米，肩高75~90厘米，体重为39~160千克，但绝大多数都在45~114千克之间。雌性一般比雄性的个头小20%左右。美洲虎与豹相比，头的比例更大，前胸较短，四肢粗短，但身体更加强壮，而且身上的斑点也相对较大一些，所以也很容易区分。

美洲虎属于大型的食肉动物，其咬力大得惊人，大多数的猫科动物都是擅长咬断猎物的喉咙，而美洲虎擅长的是用强有力的下颚和牙齿直接咬碎动物坚硬的头盖骨，甚至连海龟坚硬的外壳都能咬碎。曾经也有人看见过美洲虎杀死并直接吞噬掉森蚺。

因此，美洲虎可以吃掉一切能捕捉到的动物，包括鱼、短吻鳄、灵长类、鹿类、貘、犰狳以及两栖动物等。

从20世纪70年代开始，猎取美洲虎皮毛的现象已经开始增加了。美洲虎的数量也从20世纪初到目前下降了50%左右，美洲虎那矫健的身影在墨西哥或者更北的地区已经很难再见到。这是由于随着生态环境不断遭受破坏和人类肆无忌惮的捕杀，美洲虎的数量才呈现出逐年下降的趋势，面临着濒临灭绝的危险，甚至有许多地方现如今已经再也看不到美洲虎的身影了。在树林中由于没有了树木的遮盖，美洲虎一旦被发现，便会被偷猎者立即击毙。再有就是一些农场主为了保护家畜也经常会杀死美洲虎。

美洲虎身上那美丽的颜色和花纹不仅是一种很好的保护色，而且也使它成为一种价值昂贵的毛皮，被人们用来制成各种服装类的产品，并与豹皮有着同等价值的市场前景。

据相关数据显示，在1968~1970年这两年内，世界上就有3.1105万张美洲虎的皮毛被运往美国各大城市销售，虽然这种情况开始引起了相关部门的重视和野生动物专家们的强烈反对，但是并不能制止偷猎者和猎獭的走私活动。如此一来，野外美洲虎数量在最近几十年中急剧减少。为了引起人们的足够重视，《濒危野生动植物种国际贸易公约》已经把美洲虎列入濒危保护动物名单之中。此外，巴西等国家的政府也开始建立了有关保护美洲虎的法律条文，

希望这些举措能够引起人们的足够重视。

在阿根廷、巴西、哥伦比亚、法属圭亚那、洪都拉斯、尼加拉瓜、巴拿马、巴拉圭、苏里南等国家都开始禁止捕猎美洲虎，如发现偷猎者，他们必将受到法律的制裁。

现在美洲虎的灭绝危机已经凸显出来，如果想要确保这一物种的繁衍和生存，就必须加大对现有野生美洲虎的保护力度，禁止大规模地砍伐树林，扩大它们的生存范围，让美洲虎在一个良好的环境中继续生存下去。

丛林之王——东北虎

中文名：东北虎

别称：西伯利亚虎、朝鲜虎、远东虎、满洲虎、阿穆尔虎、阿尔泰虎

分布区域：俄罗斯远东地区、中国东北的小兴安岭和长白山区、朝鲜北部

　　它的身上，有斑斓的锦衣；它的额上，是赫然分明的"王"字；它的长尾，如铁棒一般刚猛有力；它的力量，如霸王一般无敌。它就是丛林里的主角——东北虎。

东北虎是所有猫科动物中体型最大的，体重可以达到350千克。它们大多生活在中国的东北，国外则见于西伯利亚。每头东北虎都拥有自己广阔的领地，否则难以生存。它们主要在夜间活动，白天则在岩石间和草丛中休息。东北虎居无定所，在自己所管辖的领域内巡游，碰到狼还会把它赶走。

东北虎天生是一个流浪者，无论是成年虎，还是幼虎，在一年中的大部分时间里，它们都是四处游荡，独来独往的，只是到了每年冬末春初的发情季节，成年雄虎才开始筑巢，迎接雌虎。不过，这种"家庭"生活并不能维持太久，过了不多长时间，雄虎又会不辞而别，产崽、哺乳、养育的任务全部落在了雌虎的身上。雌虎度过3个月的怀孕期后，就会在春夏之交或夏季产崽，每胎产2~4个幼崽。雌虎生育之后，性情变得特别凶猛、机警。

东北虎素有"丛林之王"的美称并不是凭空而来的。它拥有矫健有力的身体、聪敏的智力、敏锐精准的感觉器官，虎爪有6厘米长，这样的利器可以轻而易举将猎物开膛破肚，而它的牙齿最长可以达到10厘米，面对这样长的牙齿，有什么样的肉是咬不碎的呢？东北虎常以伏击战来捕捉猎物，得手以后要么一口将猎物的喉咙咬断，要么虎掌一挥将猎物的颈椎生生折断，接下来就可以慢慢享用了。运动中的东北虎形态健美得令人赞叹，如同在陆地上滑行，动作流畅。东北虎身上极少见到脂肪，粗壮的骨骼上连接大块的肌肉，肌肉纤维也很粗，这正是它力大无比的原因。

东北虎还有聪敏的智力，它们进出巢穴不留一点痕迹，而雌虎在出去觅食时，也不忘保护幼崽，总是小心谨慎地先把虎崽藏好，防止被发现。当它回窝时，通常都不走原路，而是沿着巢穴附近的山岩溜回来，检查是否有敌人在附近。

东北虎在食物链中是处于顶层的王者地位。它们生性内向、孤独、多疑、凶猛，在丛林中出没无常，而且食量极大。据调查，在一只东北虎的领地内，必须存在不少于150~160只野猪和180~190只鹿才能满足这位"丛林之王"的生存。

夜间独行侠——豹

中文名：豹

英文名：leopard ; panther

别称：花豹、金钱豹

分布区域：亚洲、美洲

　　豹全身毛色鲜艳，体背为杏黄色，颈下、胸、腹和四肢内侧为白色，耳背为黑色，有一块显著的白斑，尾尖呈黑色。

　　豹不仅体型高大，而且线条优美，性猛力强，动作敏捷，是威严和力量

的象征。豹的头小而圆，耳短，耳背呈黑色，耳尖呈黄色，基部也为黄色，并具有稀疏的小黑点。它的虹膜为黄色，在强光照射下瞳孔收缩为圆形，在黑夜则发出闪耀的磷光。它的犬齿发达，舌头的表面长着许多角质化的倒生小刺。它的嘴的侧上方各有5排斜形的胡须。它的额部、眼睛之间和下方以及颊部都布满了黑色的小斑点。

　　豹可以生活在多种环境中。山地森林、丘陵灌丛、荒漠草原、平原以及海拔3600米的高山，都适合豹的生存。豹的巢穴比较固定，多筑在树丛、草丛或岩石洞中。习性为昼伏夜出，白天潜伏在巢穴或树丛中睡觉。阳光透过森林，洒在它布满花斑的皮毛上，即使在几米之外，也难以发现它的存在。傍晚出来游窜觅食，直到天明才休息。

　　豹是肉食性动物，多以山羊、狍子、鹿、麝、麂、野猪、野兔、猴类等为主要食物，有时也吃鱼、鸟类，以及袭击家禽、家畜等。但豹也是被大型动物捕捉的对象。在食物链上，豹处于次等捕猎者的位置，这就意味着豹同时是老虎及狮子等大型猛兽的猎物。

　　豹可以说是完美的猎手，身材矫健、灵活，奔跑时速可达65千米。豹的感官发达，动作敏捷，善于爬树，可以捕捉树上的猴类和鸟类；也善于跳跃，一跃可达6米高，12米远；但不喜欢游泳。

　　豹不仅性情机敏，而且嗅觉、听觉、视觉都很好，智力超常，隐蔽性强。豹的犬齿大而锋利，裂齿也特别发达，有利于擒获和撕扯猎物，甚至可与虎交锋，这些都有利于豹捕捉猎物。豹捕猎时主要采取两种进攻方式：一种是隐蔽在树上，这样可以居高临下发现猎物，同时气味也会随风飘散，不易被猎物发现，但这需要等待猎物从树下经过；另一种捕猎方法是偷袭，先潜行接近猎物，然后突然跃出，将其捕获。

　　捕到猎物后，豹就会把吃不完的猎物悬挂在高高的树枝上，这样既不易腐烂，又不易被别的动物吃掉，等到没有食物吃时，再回来慢慢吃掉。豹的力量大得惊人，能将一只比其自身重一半的猎物抓到树上去。即使长时间找不到食物，豹也可以忍受数天的饥饿。这是老虎、狮子都做不到的。

密林杀手——猎豹

中文名：猎豹

英文名：Acinonyx jubatus

别称：印度豹

分布区域：非洲、西亚

以奔跑著称的猎豹有着悠久的存亡史。生活在亚洲印度的猎豹也叫印度豹，但已灭绝。在北美的得克萨斯、内华达、怀俄明，也曾发现了目前世界上最古老的猎豹的化石，那是一万年以前地球上最后一次冰期，地球气候变

冷，在地球的南北极两端覆盖着大面积的冰川。那个时期，猎豹还广泛地分布于亚洲、非洲、欧洲和北美洲。寒冷的冰期气候变化导致了大批动物死亡，欧洲、北美洲、亚洲、非洲部分地区的猎豹也未能幸免于难。

猎豹是食肉目猫科的猎豹属的单型种。它的外形似豹，但身材比豹瘦削，四肢细长，趾爪较直，不像其他猫科动物那样能将爪全部缩进。它的头小而圆，全身无色淡黄并杂有许多小黑点。

猎豹主要以中小型有蹄类动物为食，包括汤姆森瞪羚、葛氏瞪羚、黑斑羚、小角马等动物。猎豹除了以高速追击的方式进行捕食外，也会采取伏击方法，隐匿在草丛或灌木丛中，待猎物接近时突然窜出猎取。虽然猎豹捕猎成功率能达到50%以上，但辛苦捕来的猎物经常被更强的掠食者抢走，因此猎豹的进食速度非常快，它还会把食物带到树上。

猎豹在捕捉到食物时会遭到非洲的马塞族人的侵扰。马塞族是游牧民族，他们不会随意猎杀野生动物，因为他们认为只有自己放养的牲口才适宜食用，但他们会用手中的长矛抢走猎豹的猎物，不是为了吃，而是用来喂狗，这样

他们便可省下喂狗的食物。可怜的猎豹只能重新捕猎，但高速的追猎带来的后果是能量的高度损耗，一只猎豹如果连续追猎5次不成功或猎物被抢走，就有可能会被饿死，因为它再也没有力气捕猎了。幼豹的成活率很低，2/3的幼豹在一岁前就被狮子、鬣狗等咬死或因食物不足而饿死。

　　猎豹算得上是陆地上跑的最快的动物，时速可达115千米/小时，而且，加速度也非常惊人。据测，一只成年猎豹能在几秒之内达到每小时100公里的速度。但是，由于猎豹耐力不佳，无法长时间追逐猎物，如果猎豹不能在短距离内捕捉到猎物，它就会立刻放弃，等待下一次出击。

　　猎豹栖息于有丛林或疏林的干燥地区，平时喜欢独居，仅在交配季节成对，也有由母豹带领4~5只幼豹的群体。母豹1胎产2~5仔，寿命约15年。

　　在所有大型猫科动物中，猎豹是最温顺的一种，除了狩猎一般不主动攻击，易于驯养，古代曾用它助猎。

最小的"大猫"——云豹

中文名：云豹

英文名：Clouded

别称：乌云豹、龟纹豹、荷叶豹、柳叶豹、樟豹

分布区域：南亚、东南亚

  云豹是最小的"大猫"，属猫科动物中非常特殊的一类，因金黄色的身体两侧约有6个云彩状的暗色斑纹而得名。它们的体型和大小像一只猫，但是头骨和牙齿完全属于一只豹子。云豹的外形很像豹，只是体型较小，四肢较短而粗，爪子非常大。它有几乎与身体一样长而且很粗的尾巴。它的头部略圆，口鼻凸出，眼周围有黑环；颈背有4条黑纹，中间2条止于肩部，外侧2条则继续向后延伸至尾部，胸、腹部及四肢内侧为灰白色，并有暗褐色条纹，尾末端有几个黑环。

  云豹有一个突出的特征：上颌长大的犬齿，在靠近下颌前端的部分特别厚，虽不如狮、虎、豺等大型猛兽的犬齿大，但在与身体的比例上则要大得多。

  云豹身体两侧深色的花纹是很好的伪装，毛色与周围环境形成良好的保护及隐蔽效果。它们在丛林里生活，因此很难被人发现。云豹大多数情况下非常安静，即使人们从它们蜷伏的树枝下走过时，也不会发现头顶就有云豹。它们个子虽然矮小，但却具有猛兽的凶残性格和矫健的身体。云豹白天休息，夜间活动。它爬树的本领非常高，喜欢在树枝上守候猎物，当猎物临近时，

云豹常从树上直接跳到猎物的头顶上捕获，不同于其他猫科动物必须先跳到地面上再去追捕的方式。它既能上树猎食猴子和小鸟，又能下地捕捉田鼠、野兔、小鹿等体型较小的哺乳动物，有时还偷吃鸡、鸭等家禽，但不敢伤害野猪、牛、马，也不会攻击人。云豹通常以门齿、犬齿来获取食物，并以头部向上甩的动作撕开捕获物。

云豹是树栖性的动物，栖息于亚热带和热带山地及丘陵常绿林中，垂直高度可达海拔1600~3000米。它们腿短但爪子附着力强，在地面上行动比较笨拙，但在树上却非常灵活，用长长的尾巴来保持平衡。

云豹善于游泳，游泳技术特别高强。它们能只凭借一条后腿，就可以在水面游动。它们大多是晨昏时刻在河边嬉戏玩耍，或是在河里游泳、洗澡。云豹的性情十分凶猛，但鸣声尖声尖气，不同于狮、虎、豹那样粗声粗气的怒吼。

云豹一年四季都能交配，妊娠期86~93天；幼仔通常在树丛中或树洞里出生，每胎产2~4仔。雌云豹有个怪脾气，生小豹时，需要绝对隐蔽，不得有任何惊扰，否则幼豹不是被雌豹吃掉，便是被雌豹丢弃不管。初生时的幼豹

重量为140~280克，10~12天睁开眼睛，约20天可以走动；10周时可以吃固体食物，3~5个月才完全断奶。6个月大的云豹身上的皮毛开始长齐，10个月以后就能离开母豹独立生活了，一般到18个月左右性成熟。云豹寿命可达17年。

云豹曾遍布亚洲，如今却由于人类贪图它们的美丽毛皮和豹骨而陷入濒危绝境。在国外，云豹生活在东南亚一带热带、亚热带的丛林中，包括尼泊尔、不丹、泰国、马来西亚、印度尼西亚等地。在我国，人们在甘肃、陕西以及长江以南各省还能见到它们的踪迹。而在中国台湾地区，它们曾是某些当地山民的精神象征。可惜再高贵的精神象征也无法和现代人类的贪婪抗衡，不幸的是：台湾云豹在1972年灭绝了。

云豹是中国一级重点保护动物。目前，由于生态环境遭到破坏，云豹面临着绝种的危险。在中国的台湾省和海南省，云豹濒临绝迹。

云豹是极为害羞的动物，它们总是悄然来去，因此人们对野生云豹的习性甚至数量都不是十分了解。如今人类对云豹的了解主要是通过那些被圈养的云豹完成的。

云豹是以树为家的森林动物，是高超的爬树能手。在树之间跳跃对它们来说，实在是小菜一碟。要知道它们可是能以肚皮朝上，倒挂着在树枝间移动，也能以后腿勾着树枝在林间荡来荡去。它们的特殊本事得益于千百万年来的进化，它们的四肢粗短，使得重心降低；带有长长利爪的大爪子能帮助它们在树间跳跃时牢牢地抓住树枝；它们那条又长又粗的尾巴则是它们在攀爬时重要的平衡工具；它们的后腿脚关节非常柔韧，能极大增加脚的旋转幅度。所有这一切都使它们能很漂亮地完成那些高难度动作。

美丽杀手——金钱豹

中文名：金钱豹
英文名：Snow leopard，Onuca
别称：豹、银豹子、豹子、文豹
分布区域：全球

金钱豹由于全身颜色鲜亮，毛色呈棕黄色，而且全身遍布黑色斑点和环纹，并形成了古钱状斑纹，故称之为"金钱豹"。

金钱豹的体态与虎十分相似，身长在1米以上，体重在50千克左右，其中雄性体重在75千克左右，雌性体重在55千克左右。豹头圆润、耳朵偏小，四肢强健有力，爪子的伸缩性能较强，是一种大中型的肉食哺乳动物。金钱豹的身体强健，动作敏捷，善于跳跃和攀爬，而且性情较为凶猛狡猾，可以捕杀鹿等大型动物作为自己的食物，或是偷袭其他食草动物等。还有一种黑化型的豹子，这种豹通体呈现出暗黑褐色，但是仔细观察仍然可以看到圆形的斑点，它们常被称为墨豹。

金钱豹的栖息环境是多种多样的，从低山到丘陵再到高山森林、灌木丛等都有分布，而且它们都有隐蔽性很强的固定巢穴。

金钱豹的爬树本领非常高超，而且还擅长游泳，食性也很广泛，视觉和嗅觉异常灵敏，喜欢单独在夜间、凌晨或是傍晚时分开始行动，常常会在树林中来回往返走动，伺机寻找捕猎的时机。捕到猎物后，它们常常会把捕获到的猎物带到树上享用，这样可以避免其他的动物抢夺自己的战利品。虽说

豹子生性凶猛，但是它们一般不会伤害到人类。

金钱豹的猎物主要是青羊、马鹿、猕猴及野猪等，有时也会吃腐肉之类的食物。在猎物匮乏的时期，它们也会捕猎家畜，引起人们的恐慌，甚至会遭到人类的捕杀，但这种现象较为少见。

金钱豹在繁殖期间，会引起雄豹争夺雌豹的争斗。每一年的冬末春初时节的3~4月份是豹子的发情交配时间，孕期大概有3个月的时间，6~7月份产仔，每胎产仔2~3只，幼豹体重在500克左右，幼豹会于第二年的5~6月份离开母豹独立生活。

在我国云南地区的金钱豹，向来是以毛短绒好、花斑清晰和富有光泽而著称于世。金钱豹是上等的毛皮经济动物，它们也曾经遍布全省各地，但由于近年来捕杀的情况日益严重，所以豹子的数量也在逐年锐减，已经濒临绝迹。

高山霸主——雪豹

中文名：雪豹

英文名：Snow leopard

别称：草豹、艾叶豹、荷叶豹

分布区域：亚洲高山地区

雪豹是典型的高山食肉动物，终年生活在雪线附近（即高山裸岩、高山草甸、高山灌丛和山地针叶林缘），因其所处生活环境而得名。雪豹的美丽在猫科动物中首屈一指，也是栖居海拔最高的猫科食肉动物之一。

雪豹的体型和豹非常相似。其毛色较淡，全身为灰白色；体毛长密且柔软，背部毛长为5厘米左右，腹部的毛则更长；冬季和夏季体毛的密度与毛色差别并不是太大。它的体毛有内外两层：内层是浓密的绒毛，外层是长约5厘米的粗毛。雪豹全身布满了不规则的黑环或黑斑。它的头部较小，前额隆起，鬓毛粗硬且长，黑白两色相间。它的尾粗而长，有蓬松浓密的毛，能裹住身体和面部取暖，还能随时保持身体的平衡。四肢粗壮且短，前足较后足更为发达。

雪豹原本应生活在高山雪线以上，但是在冬季，雪线以上难以觅食，雪豹也会下到雪线以下有人烟的地带觅食，一般在海拔1800~3000米的地方。到了夏季，为了追逐各种高山动物，比如岩羊、盘羊等高原动物，雪豹又会上升到海拔3000~6000米左右的高山上。

雪豹喜独栖，常夜间活动，在傍晚和清晨时非常活跃，所以人们平时很难见到它们。一般它们有固定的巢穴，常建在岩石洞中、乱石凹处或岩石下的灌木丛中，大多在阳坡上。雪豹通常好几年都不换巢穴。窝内常常有很多它们脱落的体毛，以致能铺成厚厚的毡垫。雪豹以所居窝穴为中心，向四处扩展觅食。

雪豹主要有两种捕猎方法：一种是借助于周围环境及隐蔽物，逐渐潜伏接近猎物，到足够距离时，突然跃身袭击；另一种是埋伏在岩石或小路旁等待动物走过，当猎物离埋伏处有数十米时，它便突然跃起，一下子将猎物抓住；如果抓不到时，往往不会再追赶。抓到猎物后，雪豹先用爪将猎物按在地上，然后咬其喉部。由于雪豹灰白色的体色与周围环境特别协调，即使白天从它身边经过，也不易发觉，因此特别有利于雪豹隐蔽猎食。雪豹主要以山羊、斑羚、鹿、鼠、兔等为食，有时也袭击牦牛群，咬倒掉队的牛犊。

雪豹生性凶猛，行动敏捷，四肢矫健，善攀爬，在崎岖的山路、岩石丛里行走都不会从悬崖上摔下来。其动作十分灵活，弹跳能力极强，十多米宽的山涧也能轻而易举地越过，可以一跃而过，三四米高的地方能够一蹿而上。一个俄国科学家曾看见一只雪豹跳过一个15.24米宽的峡谷。雪豹在高山上几乎没有什么敌手，可谓所向无敌，堪称"高山霸主"。

雪豹2岁左右性成熟，一般在2~3月间发情，此时雄雌居住在一起。怀孕期大约为95~105天，5~6月间产仔，一胎通常2~4仔。当雪豹妈妈捕猎时，幼豹会躲在一旁，仔细观察妈妈的捕猎动作，以便日后实践。雪豹的寿命大约为20年。

因雪豹活动路线比较固定，所以极易被人类捕获。因此，遭到滥捕，导致数量急剧下降，处于灭绝的险境。雪豹不但是亚洲高山高原地区最具代表性的物种，还可以看做是世界高山动物区系的象征。现在我国已将雪豹列为一级保护动物。

团队杀手——狼

中文名：狼

英文名：wolf

别称：野狼、灰狼

分布区域：世界各地

  狼是所有现存犬科动物中体型最大的。狼曾经分布广泛，遍及北美和欧亚大陆，但是由于栖息地不断减小以及遭受捕杀，现在只有亚洲、欧洲、北美和中东等少数地区还有分布。20世纪末期以前，狼就开始因为经常捕食羊等家畜被人类大量捕杀。如今狼的活动范围越来越小，一部分亚洲的狼如日本狼、纽芬兰狼等都已绝迹，墨西哥狼也已成为濒危物种。

  狼的适应能力非常强。生态环境的多样性决定了狼的多样性，这其中包括生活在森林、沙漠、山地、寒带草原、西伯利亚针叶林、草地等各种环境下的狼。

  不同种类的狼分布在地球上的不同地区，它们之间差别很大。气候越冷的地方的狼的体型、体重也越大。一般来说，狼的肩高0.6~0.9米，重量为32~62千克。曾在北美地区发现过的最大的狼体重可达77千克，而最小的狼仅有其体重的近1/8，叫做阿拉伯狼，成熟的母狼也只有10千克重。一般而言，公狼比母狼约重20%。成年的狼的体长一般为1.3~2米，其中尾长占据整个身体长度的1/4。

  狼窄长的嘴里长着42颗牙齿。它的牙齿分为5种，分别为门牙、犬齿、

前白齿、裂齿和臼齿。2.8厘米长的犬齿有4个，上下各2个，能刺破猎物的支并对猎物造成巨大的伤害；臼齿分化出来的裂齿也有4个，这是食肉类动物的普遍特点；裂齿，顾名思义是用于将肉撕碎；12颗比较小的门牙，用于咬住东西。

　　狼的胸部狭窄，背部与腿强劲有力，这使它们拥有高效率的机动能力，同时也使狼具有很好的耐力，适合长途迁移。它们能以每小时约10公里的速度走几个小时，最快时速能达到65公里。狼跨越一步的距离可以达5米。狼的脚掌对各种类型的地面都有较强的适应能力，尤其适合雪地行走。它们在雪地上行动比猎物更为灵敏、迅速，这全靠它们的足趾之间的那点蹼。

　　狼是趾行性动物，它们较大的脚掌使其重量能很好地分布在积雪上。狼的前后脚掌有所不同。狼的后脚掌略小，前掌上有5个趾，后脚掌上没有趾。狼的掌上的毛和略钝的爪对于增加摩擦力以及帮助它们抓住湿滑的地面有很好的作用。狼的脚掌因有特殊的血管保护不会在雪地中冻伤。与狗不同的是，狼的脚掌上有能分泌出气味的腺体，会留在脚印上，不仅能够帮助狼记录自己的行踪，而且能让其他的狼以此知道自己的所在。但狼的趾间没有汗腺。

不同的狼，狼毛的颜色也有很大的不同，同一匹狼的毛色也会有所不同，灰色，灰褐色，白、红、褐色和黑色混杂在一起。纯白色或纯黑色的狼也很多见。狼有两层毛，外层的毛比较硬，主要用于抵御水和灰尘。里面的一层则致密且防水。狼在每年的初夏时期会通过摩擦岩石或树木来促进里面这层毛的脱落。不论狼的外面这层毛是什么颜色，里面的这层毛通常都是灰色的，狼夏季和冬季的毛分别会在春季和秋季时变换。春季换毛的时候公狼比母狼换得早，欧洲的狼毛通常比北美洲的狼毛要更硬更短。

狼属于食物链上层，除了人之外，基本上没什么天敌。人们认为狼是动物界中最具秩序和纪律的动物之一，有很强的团队精神。狼的团队精神表现在以下几个方面：

集体与个体方面。狼群的等级制度严格，每只狼都很了解自己的作用和地位，并且在行动中有明确的职责。不过有时候狼群中也会出现暂时的平等，那就是当它们一起嚎叫时，一切等级界限就都消失了。

狼非常善于交际。它们并不仅仅是依赖某种单一的交流方式，而是根据需要选择不同的交流方式。它们通过嚎叫、相互挨擦鼻尖、用舌头舔、使用面部表情以及尾巴位置等精细多样的身体语言或利用气味来传递信息。

狼是群居性的动物，狼群一般在5~12只之间，也有30只左右的。狼成功的决定性因素在于狼与狼之间的默契配合。它们总是依靠团体的力量去完成任何事。对于赖以生存的家庭、群体，它们总是倾注着热情与忠诚，它们一起游戏、配合狩猎、互相帮助，它们把狼群的生存作为自身生存的目的。狼群有很强的领域意识，它们在自己的领域内活动，领域范围也会随着群内个体数量的增加而扩大。不同种群之间的领域范围不重叠，狼会以嚎声向其他群宣告领域范围。狼群依靠集体行动，捕杀

较大型的猎物。

　　狼群总会制定适宜的战略进行行动，它们一般都是不断地沟通和协作，而不是漫无目的地围着猎物胡乱奔跑、尖声狂吠狩猎。紧要关头，每匹狼都能"心领神会"彼此的想法。狼从来不喜欢碰运气，它们总是对即将实施的行动做好充分的准备，凝聚力、团队精神和训练有素成为狼群生存的决定因素。所以狼群很少真正受到其他动物的威胁。

　　狼是典型的"一夫一妻制"，公狼富有责任感，母狼母性很强。母狼在产崽的时候，公狼会独自出去猎食，它尽可能多地吞下食物，然后再把食物吐出来分给母狼和自己的孩子吃。母狼不仅细心抚育自己的孩子，而且遇到失去母亲的小狼，也会把它抚养长大，甚至也会抚养其他动物的幼崽。

智慧之狼——郊狼

中文名：郊狼

英文名：Prairie Wolf

别称：丛林狼

分布区域：北美

    在人们的印象中，郊狼与狼没有什么区别。其实，郊狼是狼的近亲，在北美洲大陆，郊狼分布广泛。一头成年郊狼体重一般不超过23千克，身长低于1.2米。郊狼的群居习性也不如狼那么强烈，常常是一对郊狼夫妇带着它们

的子女生活，捕猎时往往单独行动。

郊狼是有智慧的动物，它们知道怎样利用智慧捕获猎物。当美洲獾挖掘啮齿动物的巢穴并美美地享用自己的战利品时，郊狼就会守在旁边，那些侥幸从美洲獾身边逃脱的小动物们转眼就成了郊狼的美味。而且，它们懒于自己打洞做窝，常常把美洲獾的洞穴占为己有。

郊狼懂得如何利用自己的优点去适应环境。此外，它不断学习新的生存技巧。当北美洲的狼被大肆捕杀的时候，它们便向北边和东部迁移。现在，即使在城市中也能发现它们的踪影，因为，城市每天产生的大量的生活垃圾，可以使它们获取足够的食物。面对川流不息的车辆，它们甚至学会在穿过公路的时候朝车来的方向看看，以避免发生事故。以前，郊狼习惯在白天活动，而与人有了越来越多的接触后，它们便多半在晚上觅食。它们在各种能够找到食物的场所出没，不可避免地骚扰到邻居——人类的生活，因为它们会把小猫小狗当成自己的美餐，曾有人眼睁睁看着自己心爱的约克夏犬在自家阳台上被一头郊狼掠走。亲眼目睹了这样的事情，人们怎会不惊慌失措，恼恨郊狼呢？ 但郊狼并不会主动攻击人，也不十分惧怕人，只要有一片林地供它栖身，它会很自然地融入到人类的社区生活中，与人共舞。

在印第安人的传说中，郊狼与渡鸦都是与人有着较亲密接触的动物，它们有着共同的特点：狡诈、适应性强。为了能够生存下去，它们不断地让自己与周遭环境更为契合。它们时时刻刻都在为自己的命运进行着强有力的抗争，对于生命怀有坚定不移的信念和执著，就这一点，也应当受到人们的尊敬。

凶猛杀手——豺

中文名：豺

英文名：Cuon alpinus

别称：赤狗、马狼、彪狗、神狗、马彪、马将爷、亚洲野犬、亚洲赤犬

分布区域：东亚、东南亚、南亚、中亚

　　豺、狼、虎、豹都是凶猛的动物，而豺一直位列四凶之首，被认为是唯一能克制老虎的动物。

　　豺有着复杂的栖息环境，无论是热带森林、丛林、丘陵、山地，还是海拔2500~3500米的亚高山林地、高山草甸、高山裸岩等地带，都是它的聚居地。它居住在岩石缝隙、天然洞穴，或隐匿在灌木丛中，但不会自己挖掘洞穴。

　　豺与狼、狐的外形很相近，比狼小，比赤狐大，体长可以达到1米，尾长45~50厘米，肩高52~56厘米，体重在13~20千克之间。豺头宽，额扁平而低，吻部较短，耳短而圆，额骨的中部隆起，因此从侧面看上去，它的整个面部显得很鼓，不像其他犬类那样较为平直或凹陷。它的四肢也较短，尾较粗，毛蓬松而下垂。豺的体毛厚密而粗糙，季节和产地不同，体色也不同。一般头部、颈部、肩部、背部，以及四肢外侧等处的毛色为棕褐色，腹部及四肢内侧为淡白色、黄色或浅棕色，尾巴为灰褐色，尖端为黑色。

　　平时，豺的性情十分沉默而警觉，一旦捕猎时，它能发出召集性的嚎叫声。它多在清晨和黄昏捕猎，有时也会在白天进行。豺善于追逐猎物，常采

取围攻方式捕食。

豺行动灵活，善于跳跃，原地可跳到3米多远，还能借助于快跑，跃过5~6米宽的沟堑，也能跳过3~3.5米高的岩壁、矮墙等障碍，其灵活性远远胜于狮、虎、熊、狼等猛兽。

豺有灵敏的嗅觉，耐力极好，捕猎方式与狼相似，多采取接力式穷追不舍和集体围攻、以多取胜的办法。它的爪牙锐利，胆量极大，显得凶狠、残暴而贪食，它们捕猎的时候，一般先把猎物团团围住，前后左右一起进攻，抓瞎眼睛，咬掉耳鼻、嘴唇，撕开皮肤，然后再分食内脏和肉，或者直接对准猎物的肛门发动进攻，连抓带咬，把内脏掏出，在很短的时间内，就将猎物瓜分得干干净净。

鼠、兔等小型兽类都是豺捕猎的对象，水牛、马、鹿、山羊、野猪等虽然体型较大，豺也敢进行袭击。豺甚至还敢成群地向狼、熊、豹等猛兽发动挑战和进攻，吓走它们，从而夺取它们口中的食物。如果这些猛兽不放弃食物，它们之间就会爆发战争，但最终多半是豺获得胜利，虽然单打独斗时豺并非它们的对手，但一群豺在集体行动时，互相呼应和配合作战的能力却要略胜一筹。

豺不会随便去抢夺老虎的食物，只会吃老虎没有吃完的食物；同样，老虎也不会随便攻击豺，因为有时它们要依靠豺的灵敏性来了解周围情况。可以说在亚洲各地的山林中，只有体型巨大的亚洲象能够免遭它的威胁。

在很多地区，豺被人们作为一种害兽来消灭。虽然豺能猎食的主要是种群中的老、弱、病、残，对人类并没有太大的威胁，但会危害森林的麝、斑羚等珍贵动物或经济动物，林区的家畜也会遭到危害。不过，它所能猎食的主要是种群中的老、弱、病、残个体，能抑制野猪等食草兽的过度繁殖，对农业生产极为有利，还能维持大自然的生态平衡。但目前豺的数量正在迅速减少，有些原产豺的国家或地区这种动物已经消失，因此，我国将豺列为国家二级保护动物。

林中一霸——猞猁

中文名：猞猁

别称：林曳、猞猁狲、马猞猁、山猫、野狸子

分布区域：中国东北、西北、华北及西南，北欧、中欧、东欧以及西伯利亚西部

　　猞猁是分布得最北的一种猫科动物，属于北温带寒冷地区的动物。猞猁貌似家猫，但比家猫大，体重为18~32千克，体长为90~130厘米。它的身体粗壮，四肢较长，尾极短粗，尾尖呈钝圆。它的两耳的尖端着生耸立的笔毛，很像戏台上武将"冠"上的翎子，两颊有下垂的长毛，腹毛也很长。它的耳壳和笔毛能够随时迎向声源方向运动，有收集音波的作用，如果失去笔毛就会影响它的听力。

　　猞猁身上有恒定色，如上唇为暗褐色或黑色，下唇为灰白色至暗褐色，颌两侧各有一块褐黑色斑，尾端一般为纯黑色或褐色，四肢前面、外侧均有斑纹，胸、腹为灰白色或乳白色，前肢短后肢长。短短的尾巴和它的个子很不相称。猞猁背部的毛发最厚，呈现出灰黄、红棕、土黄褐、灰草黄、浅灰褐及赤黄等颜色。在猞猁身上，或深或浅点缀着深色斑点或者小条纹。

　　北部猞猁与南部猞猁毛色不同。越往北部的猞猁毛色相对它们的南方亲戚颜色更加偏灰，斑点也比较少。斯堪的纳维亚半岛的人们把长有斑点的猞猁称为"猫猞猁"，而那些没斑点的家伙们则被称为"狼猞猁"。一般来说，夏天时，猞猁身上的斑点最清晰，冬天时就不明显了。

　　猞猁一般孤身生活在森林灌丛地带、密林及山岩上。它是无固定窝巢的

夜间猎手。晨昏活动频繁，白天会躺在岩石上晒太阳，或者为了避风雨，静静地躲在大树下。它既可以在方圆几百米的地域里孤身蛰居几天不动，也可以连续跑出十几千米而不停歇。擅于攀爬及游泳，耐饥性强。

在自然界中，面对天敌虎、豹、雪豹、熊等大型猛兽，猞猁会表现出狡猾而又谨慎的性情。此时，它们会迅速逃到树上躲蔽起来，有时还会躺倒在地，假装死去，从而躲避敌人的攻击和伤害。但是如果遭遇到凶狠的狼群，它们就会被紧紧追赶、包围而丧命，一般都难以逃脱。

猞猁主要以雪兔等各种野兔为食，所以在很多地方猞猁的种群数量也会随着野兔数量的增减而上下波动，大致上每间隔9~10年出现一个高峰。除了捕捉野兔外，松鼠、野鼠、旅鼠、旱獭和雷鸟、鹌鹑、野鸽和雉类等各种鸟类也是猞猁猎食的对象。有时，猞猁还会袭击麝、狍子、鹿，以及猪、羊等家畜。

猞猁捕捉猎物很巧妙。在捕捉猎物时，猞猁常藏在草丛、灌丛、石头、大树中，埋伏在猎物经常路过的地方等候着，两眼警惕地注视着四周的动静。它有很好的耐性，能在一个地方静静地卧上几个昼夜，待猎物走近时，才出其不意地冲出来，捕获猎物，轻松地享受一顿"美餐"。如果一跃捕空，突击没有成功，猎物逃脱了，猞猁也不会穷追猎物，而是再回到原处，耐心地等待下一次机会。

猞猁也善于游泳，但不轻易下水。有时它也悄悄地漫游，看到猎物正在专心致志地取食，便蹑手蹑脚地潜近，再潜近，冷不防地猛扑过去，使猎物莫名其妙地束手就擒。猞猁还是个出色的攀缘能手，爬树的本领也很高，甚至可以从一棵树纵跳到另一棵树上，因此能捕食树上的鸟类。尤其到了夜间，当林中一片寂静、栖居在树上的鸟类都进入了甜美梦乡的时候，猞猁就开始伸出利爪得心应手地猎取食物。

每年的晚冬和早春的2、3月份左右，是猞猁恋爱的季节。3~4月份，是猞猁交配的季节。它们不孤身活动，有时2~3只在一起，那是它们临时组成的"小家庭"。猞猁的妊娠期2个月左右，每胎产2~4仔，宝宝们在大约1个月大的时候就开始吃固体食物了。不过它们一般会到第二年恋爱季节到来的时候才会离开妈妈。有时为了生存，离开妈妈的小猞猁们会继续在一起过一段日子，比如几周甚至几个月，然后就又各奔前程了。猞猁的寿命达12~15年。

山谷"智慧瘤"——亚洲象

中文名：亚洲象
英文名：Elephas maximus
分布区域：东南亚和南亚的热带地区

亚洲象主要分布在东南亚，如泰国被称为是"大象之邦"，老挝被称为是"万象之国"。亚洲象主要生活在越南西部高原，靠近越南与老挝边界地区的原始森林之中。据有关数据显示，那里目前大象的数目为350头。此地至今仍与世隔绝或半隔绝，是野生动物的乐园。

　　亚洲象高大威武，温顺善良，很受人们的喜爱，是力量、威严和吃苦耐劳、任劳任怨的象征。它的身长为5~7米，肩高为2.5~3米，尾长为1.2~1.5米，体重为3000~5000千克。全身为灰棕色，前额左右有两大块隆起，称为"智慧瘤"，其最高点位于头顶，但它的脑却很小。头盖骨很厚，虽然骨骼内充满了气孔，可以减轻重量，但颈部的负担仍然很重。它的背部向上弓起，四肢粗壮，几乎垂直于地面，像四根柱子，前肢5趾，后肢4趾。亚洲象小跑时，总是同时提起同一侧的前后肢，而不是像其他哺乳动物那样在对角线上的两肢同时离开地面，这种步法被称为"溜蹄"，可以使亚洲象产生一种奇怪的摇摆动作。

　　亚洲象的鼻子是动物中最长的。在动物园中，训练有素的象能用鼻子搬重物、拔钉子、解绳子，甚至能捡起地上的绣花针。更为有趣的是，它还能像人类握手一样，用互相缠绕鼻子的方式来表达友好的情感或者进行雄象和雌象之间的调情。

　　亚洲象的鼻子是上唇的延长体，表面光滑，一直下垂到地面，不停地摆来摆去。它由4万多条肌纤维组成，含有丰富的神经联系，不仅嗅觉灵敏，而且是取食、吸水的工具和自卫的有力武器。亚洲象鼻子的顶端有一个小突起，这个突起有手指大小，上面集中了丰富的神经细胞，感觉异常灵敏，使得象鼻十分灵活，能随意转动和弯曲，具有人手一样的功能。

　　亚洲象雄象的嘴里还长着一对大门齿，它终生不断生长，永不脱换，因此被称为象牙，长度为2米左右，单支重30~40千克。雌兽的门齿较短，不突出于口外。象牙的作用很大，是掘食的工具，也是搏斗时的武器。它的犬齿不发达，臼齿上、下颌的每侧共有6枚，而且很大，呈块状，但并不是同时生出，而是分成六批，轮流生出，每一批只生出4枚，另一批"候补者"在后面若隐若现，等前一批磨损消耗得不能再用时才逐渐发育出来，以至于在同一时间里，每侧上、下颌只能有1个完整的或者2个不完整的臼齿在起作用。亚洲象的这六批臼齿可供其使用一生。每一个臼齿在使用时，齿根能够继续生长相当长的时间，以此来抵消磨损，但磨损仍然比生长的速度快。当齿冠磨平后，齿根就不再生长了，而被吸收掉，这样后边的牙齿就会按顺序生长出来，并沿着颌部向前扩张。

亚洲象有宽大的耳朵，将近1米，便于收集音波，所以听觉非常敏锐，彼此之间常用次声波进行联络。在炎热的夏季，亚洲象的两只大耳朵，可以加速耳部的血液流动，达到散热降温的目的，同时还能驱赶热带丛林中的蚊蝇和寄生虫。由于耳部的褶皱很多，大大增加了散热面，所以更像是两把调节体温的大蒲扇。

亚洲象喜欢栖居在气温较高，空气湿润，靠近水源，植被生长茂密的热带地区，这些地区一般为海拔1000米以下的长有刺竹林或阔叶林的缓坡、沟谷、草地或河边，常常是大树遮天蔽日，直入云霄，各种中、下层植物盘根错节，千姿百态。

亚洲象虽然有厚达3厘米的皮肤，但它身上的毛却比较稀少，所以它们既

害怕寒冷，又要避开热带地区白天烈日的暴晒，因此常躲避于山谷间的林阴之处，觅食的时间也多在气温稍低的清晨和傍晚。亚洲象主要以董棕、刺竹、类芦、棕叶芦、仙茅、白茅草、葡榕和野芭蕉等植物的嫩枝和嫩叶为食。在进食时，先用长鼻子把植物卷上，再从土地上连根拔起，在腿上或树干上拍打掉上面的泥土，然后才送进口中。有时亚洲

象折断树干和竹枝的声音在寂静的森林中"啪啪"作响，会传遍整个山谷。

亚洲象的食量大得惊人，每天要吃大约100千克的新鲜植物，因此在野外需要占据几十平方公里的区域，作为活动或取食的领域。为了吃到足够的食物，象群经常从一个地方走到另一个地方，边走边吃。象群走动的速度很快，奔跑起来时速可达24公里，一次可以跑400~500米。

亚洲象对水情有独钟。它很喜欢水浴，常在河边或水塘边洗澡、嬉戏、用长鼻子吸水冲刷身体，还喜欢将泥土涂满全身，以便除去身上的寄生虫，也可以防止蚊虫叮咬。亚洲象还是游泳的好手，时速可达1.6公里。可以连续游上5~6个小时，渡过很宽的河流。

亚洲象没有固定的发情期，雄象与雌象交配时，总是双双躲进僻静的密林深处进行。亚洲象的繁殖率较低，大约5~6年才能繁殖一次，怀孕期长达18~22个月。雌象产仔于秋末冬初，每胎只产1仔。刚出生的幼仔体重为70~100千克，大小同小牛犊差不多，鼻子不算太长，也没有长牙，全身为棕红色，没有毛，小象出生几个小时后，就可以跟随群体四处活动了。幼仔大约需要经过2年的哺乳期，14~15岁性成熟，完全长成则在18~24岁。亚洲象的寿命很长，一般可以活到60~70岁，也有的可以活到100~130岁。

可爱的泰迪——美洲黑熊

中文名：美洲黑熊
英文名：Ursus americanus
分布区域：北美地区

美洲黑熊体型硕大，全身呈黑色，仅鼻为黄褐色，胸部有白色"V"字形斑纹。它的毛色有变异，产于加拿大西部的熊呈肉桂色、而太平洋沿岸的熊有白色、蓝色和蜜蜂样的毛色。

美洲黑熊体长为1.37~1.88米，体重为5~270千克，公熊比母熊大很多。其头宽阔，眼小，耳短圆，颈亦短，背部与肩部处在同一水平面上，四肢粗壮，前足足垫大而裸露，体毛粗糙而长。

有的美洲黑熊前胸还会长出白色的胸斑。它们的口鼻长而宽，毛色稍浅。它的耳朵颇小，毛发浓密，圆圆的，长在头部比较低的位置，靠近两侧。美洲黑熊每只脚掌都长有5只不能收回的尖利爪钩，这些尖利的爪钩有利于撕碎食物、攀爬和挖掘。当然，有谁要是被它们用前爪扫一下也是不好受的。它们的前爪拍击的力量足以杀死一头成年鹿。美洲黑熊有灵敏的嗅觉，相比之下，它们的视觉和听力就要逊色得多了。

美洲黑熊是杂食性动物，以植物性食物为主。食物包括蚁、其他昆虫、蜂蜜、鹿、鼠、野兔、鱼以及野果、树芽等。美洲黑熊出没于针叶林、阔叶林及沼泽等环境中。

美洲黑熊喜欢独居。在不同的居住地和不同的季节，它们的活动有所不同。在春季，它们常在拂晓或薄暮时分外出寻找食物，到了夏季它们会花大量时间在白天活动。进入秋季，它们不论白天黑夜都会出来觅食游荡。

美洲黑熊善于爬树。这就是说，如果你不幸遭遇一头美洲黑熊，你最好不要爬树，也不要装死，因为美洲黑熊吃腐肉。它们的这一特长在躲避敌人的时候颇为有效，例如棕熊、狼群，甚至危险的人类。美洲黑熊虽然比较好斗，但也会尽量避免无谓的争斗，省得白白伤到了自己。它们常会使用视觉恫吓法吓退对方，比如张牙舞爪地站立起来，朝着对方呲牙咧嘴，做出攻击状。美洲黑熊的这种斗殴事件多发生在婚配季节，为了争夺心上人，公熊们只得靠武力来解决。另外，为了迫使那些养育孩子的单身母亲早日进入发情期，公熊们会杀掉意中人的孩子。为了保护自己的孩子，母亲们总是非常小心谨慎，它们巡视的领地也不会像公熊的那么大。万一不幸遭遇危险的公熊，它们用尽全身的力气进行抵抗，来保护自己的孩子。尽管如此，在幼仔的死亡事件当中，仍有70%是公熊所为。

美洲黑熊是领地性很强的动物，领地范围也很广，食物的丰富程度和熊的密度也会让它们的领地大小不时发生变化。母熊的领地范围大概有3~40平方千米，而公熊则达到了20~100平方千米。公熊的领地范围比母熊的范围大，它的领地时常会和不同母熊的领地相交，但不会和同性产生交叠。独立的年轻母熊刚开始的几年可能会在母亲的领地内建立自己的领地。但那些年轻的公熊则会被妈妈远远赶开，让它们去寻找自己的领地。

每年的6~8月，是美洲黑熊的婚恋季节。母熊们通常每2年生育一次，也有3~4年生育一次的。为了繁育后代，恋人们会在一起小聚几日，不过交配成功后，受精卵不会立刻进入子宫，这种延迟着床现象会持续将近5个月，使雌熊孕期长达220天，而胚胎的发育则在孕期的最后10周左右完成。交配成功的公熊可能会在领地范围内尽量多找几个意中人，每年会养育多次后代。

母熊怀有身孕后，就会在储存足够的脂肪后钻入洞中开始休眠。在翌年的1月或2月，熊宝宝们就会降生在休眠的洞穴中，每胎通常产2~3个。这些熊宝宝刚出生的时候只有225~330克，全身无毛，既看不见也听不见。在母乳的喂养下，小家伙们长得很快，到了春季出洞的时候，体重已经有2~5千

克了。这时候的小熊们还没有断奶，直到它们长到6~8个月大。小熊会和妈妈在一起生活的时间为一年半左右，当妈妈再次进入发情期之时，通常会把孩子们强行赶出自己的领地，以便再次生育后代。

熊宝宝离开妈妈时，通常体重只有7~49千克，丰富的食物可以使它们迅速成长。自然状态下的美洲黑熊是比较长寿的动物，它们最长能活到32岁。但随着人类干扰的加剧，多数黑熊只能活到10岁左右。那些不满18个月就已经死亡的年轻黑熊里，超过90%的是死于人类的枪击、诱捕、车祸或其他和人类有关的事件。

"大力士"——貂熊

中文名：貂熊

英文名：Wolverine

别称：原飞熊、狼獾、山狗子、月熊

分布区域：黑龙江与内蒙古的大兴安岭，新疆部分地区

在我国东北的大兴安岭和新疆阿尔泰地区的森林苔原和针叶林里，生活着一种很稀有的动物，尽管在动物分类学上属于鼬科，但是因为它相貌特殊，长得似熊非熊、似貂非貂，因而被称为貂熊。貂熊的躯体和四肢长得粗壮，体长为65~87厘米，肩高为35~43厘米，体重却达15~27千克，确乎是一只微缩的"熊"。但它那一条长约15~20厘米的粗尾巴，又酷似貂尾。貂熊大脑袋、小耳朵，嘴吻较长，体毛长而有光泽，为深棕色，但是从肩部往后，沿背脊部的两侧长有色泽浅黄的带状纹络，直至尾根部汇合，形状好似月牙，因而又被人们称为"月熊"。貂熊的腹部及四肢的毛色较深，近乎黑色，后肢的毛长于体毛，它的足下也长着毛，足趾上长着十分锐利的爪。

貂熊栖息于寒带、亚寒带的针叶区以及森林中的沼泽地区，除了我国的东北及新疆地区外，北欧、北美、西伯利亚也栖息着少量的貂熊。

独来独往是貂熊的突出特点。每只貂熊都有自己的领地。雄性的领地比较大，雌性的领地较小些。很少有雄性带着雌性共同占有一片领地的。别看貂熊形体不算大，但却异常凶悍残暴。且不说青蛙、野鼠、松鼠、野兔、飞鸟等小型动物，连野猫、狐狸等都是它捕猎的对象，有时驯鹿、马鹿、野猪

等大型动物也会惨遭它的毒手。在捕猎食物时，它潜伏在树上，当看到猎物走到树下时，它就迅猛地跳下来，用利爪牢牢抓住猎物。死死咬住猎物的脖子不放，直到咬断猎物的气管方才罢休。貂熊有储藏猎物的习惯，一次吃不完的食物，它就用雪或土块埋起来，或者挂到树上自然风干，以备日后食用。貂熊也吃些素食，如松子、菌类、浆果，也是它的食用对象。

貂熊的活动有一定的规律性，它傍晚开始活动，在活动、觅食几个小时后，就休息一下，休息的时间大体与活动的时间相等，然后再活动，再以同等的时间休息。但是白天它是不怎么活动的。貂熊可称为动物中的"大力士"，它能抢走比自己大好几倍的猎物尸体。

貂熊非常狡猾，当它自己遇到险情时，它就使用鼬科动物的绝招，从肛腺中放出奇臭无比的臭气，熏得对方不得不暂停下手，然后借机逃跑。情况紧急时它还会排出臭液，然后在臭液上打滚，滚得满身恶臭，使敌兽想吃也无从下口。猎犬对此也常常显得无能为力。

　　貂熊还常与猎人们"斗智"。猎人们经过长途跋涉，进驻森林打猎，但是当累了一天，回到驻地时，常发现自己的食物被偷盗了；猎人们的生活用品有时被咬得破破烂烂，有时猎获的珍贵毛皮兽也会不翼而飞或被咬得千疮百孔、分文不值；有时辛辛苦苦安放好的捕套猎物包括捕套貂熊的猎具被破坏失灵等等，这一切的作案者就是貂熊。

　　貂熊每年11月前后开始发情，雌性貂熊如果受孕了，将怀胎100余天，第二年3月前后产仔，每胎可产2~3只幼仔，哺乳期3个月左右。幼仔长到3岁左右，开始成家立业。一只貂熊的寿命，可达15~18年。

　　貂熊的皮毛长软密致，保暖性强，皮面坚韧耐磨，适于制作衣物，其珍贵程度不亚于貂皮。当然它的珍贵不只在于质优，更在于貂熊是一种极为珍稀又极难捕获的动物。在我国，貂熊已被列为一级保护动物。

熊科家族的王者——棕熊

中文名：棕熊

英文名：Brown Bear

别称：灰熊

分布区域：世界各地

　　棕熊是人们公认的最能代表熊科动物的熊。现在三个大洲（欧洲、亚洲和北美洲）都有棕熊的身影，可以确定，棕熊是地球上分布最广泛的熊科动物。

　　现在棕熊基本上生活在北方，其生存地主要在俄罗斯、加拿大、美国阿拉斯加的一些地区。但是以前棕熊的栖息地范围更大，在19世纪中期，北美洲南部的广大地区都有棕熊的踪影，直到20世纪60年代，墨西哥中部地区还有棕熊；中世纪时期，欧洲大陆和地中海地区及英伦群岛到处都有棕熊的栖息地，但现在这些地区都已经见不到棕熊的踪影了。现在，由于过度猎杀、栖息地减少、公路建设以及把现存的棕熊分隔在一些互不相连的地点等原因，棕熊的分布更加分散。历史上，由于棕熊的多样分化和广泛分布，使得现存的棕熊有232个种群及亚种（已经灭绝的棕熊有39个种群及亚种），这其中包括现在生活在北美的灰熊。

　　棕熊的分布地很大程度上与美洲黑熊或亚洲黑熊的分布地重合，但是棕熊不仅仅栖息在森林中，而黑熊则基本都栖息在森林中。棕熊能栖息在海拔5000米以上的高山地区，亚洲黑熊和美洲黑熊则很少出现在海拔这么高的地方。棕熊与黑熊一样，其食物中有一大部分是小个的浆果和坚果，但由于棕熊的肩膀能够弓起，熊掌也强壮有力，所以它能更方便地挖到潜藏在地下的小型哺乳动物、昆虫以及植物的根茎。棕熊的咬肌很有力，能更便捷地咬断一些食物的纤维，吃到更多的植物性食物。棕熊排泄的地点很分散，这有助于植物的生长。在某些地区，棕熊的主要食物为昆虫或大马哈鱼，或大型有蹄类动物的尸体；它们甚至由于吃掉许多有蹄类动物的幼崽而能控制这些动物在某个地区的分布密度。棕熊的行为比较有侵略性，往往会对其他熊类造成威胁。

除俄罗斯外，亚洲的棕熊很零散地分布在喜马拉雅山区和青藏高原以及中东地区某些国家的山区里，在中国和蒙古国的戈壁沙漠地带也有少量的棕熊。在很多地方，棕熊和黑熊的栖息地都相互重合，不过棕熊会尽量与黑熊避开，或者两者在一天中于不同时段出现在共同的领地上。在许多岛上，则没有发现两者栖息地相重合的情况，尽管阿拉斯加外海的一些岛屿上有棕熊或黑熊，但是同一座岛上很少有两者共同存在的情形。在体型上，棕熊比黑熊要大，因此，栖息地也比黑熊大。在大陆上，每头雄性棕熊的栖息地平均为200~2000平方千米，雌性棕熊平均为100~1000平方千米；每头雄性黑熊的

栖息地平均为20~500平方千米，雌性黑熊为8~80平方千米。尽管有些岛上有棕熊，但是如果一个岛的面积过小是无法养活一头棕熊的，所以小岛上没有棕熊。

棕熊与人类的关系密切而又充满矛盾，但是棕熊从来没有被人类驯化过。尽管熊是一种比较温顺的动物，常常主动避免与人接触，但是北美的灰熊却得到了一个"极富侵略又很残忍的食肉者"的恶名。在19世纪，牧场主、农场主和筑路工人大量进入北美大平原和落基山脉地区，灰熊的栖息地被牧场、农场和公路占据，灰熊因而攻击了一些家畜，并得到了这个恶名。随后灰熊便遭到了厄运，被人类大量猎杀。在过去的几十年里，约有5万只灰熊遭到了大规模的"屠杀"。

最近发生的灰熊咬伤或咬死人的事件是孤立发生的，但是由于人类加快利用野外之地来开发旅游业或当做娱乐消遣之地，过度地介入灰熊的栖息地，极有可能还会导致灰熊伤人事件的发生。

陆上"巨无霸"——犀牛

中文名：犀牛

英文名：rhinoceros

分布区域：非洲和东南亚

犀牛有着庞大的身躯、坚韧的皮肤、突出的触角，这些使得人们一看到它们，就容易将其和恐龙家族联系在一起。实际上，这也有一定的合理之处，因为犀牛确实是一种古老的动物。

犀牛有短而结实的四肢，以支撑它们巨大的身体重量。每只脚上的3个趾常使它们留下特殊的梅花状的印迹。

犀牛的视力很差，在超过30米的地方就无法侦察到静止不动的人。它们的眼睛长在头的两侧，所以，为了看清正前方的东西，它们首先用一只眼凝视，然后再用另一只。它们有着很好的听觉，通过转动管状的耳朵，收集细微的声音。但它们几乎都是凭借嗅觉来感知周围的事物，它们嘴中嗅觉管道的容积超过了整个大脑的体积。

在没有人类干扰的情况下，犀牛有时能发出嘈杂的多种声音。不同种的犀牛发出不同的喷鼻息、噗噗声、吼叫、尖叫、抱怨声、长声尖叫以及类似雁的叫声。喷鼻声很多时候被用来维持个体间的距离，而尖叫声被这些笨重家伙用来作为寻求救护的信号。而当公犀牛教训其他个体时，通常会发出尖锐的气喘声。另外，公犀牛示爱时会发出柔和的嗝喘声。

所有的犀牛都是依靠树叶等植物为食的植食动物，它们每天都要摄取大

量的食物来维持它们庞大的身体。由于庞大的体型及强大的大肠发酵能力，它们能够容忍相对高纤维含量的食物，但在可能的情况下，它们更钟爱有营养的叶状的食物。

所有的犀牛都离不开水，在条件许可的情况下，它们几乎每天都在小池塘和河流中喝水。在人工圈养的情况下，一头犀牛每天要喝80升的水，但在野外，这个数字可能要小一些。但是在干旱的条件下，有的犀牛可以不喝水而存活4~5天。

犀牛经常会在水坑中打滚，会花很多时间躺在水里，并用湿泥涂满它们的身体。因为水可以带来清凉，而湿泥则主要用于保护它们免受飞虫的叮咬（尽管犀牛有厚厚的皮肤，但它们的血管只在一层薄薄的表皮之下）。

对于大型的诸如犀牛这样的哺乳动物来说，生命历程较为持久。犀牛在大约5岁时开始经历第一个性周期，6~8岁时经过16个月的怀孕期后，会产下第1只幼崽。犀牛每胎只能产1只幼崽，产崽的间隔期最短也需要22个月，大部分是2~4年不等。刚出生的小家伙相对较小，只有母犀牛体重的4%。在野外，雄性犀牛7~8岁就已经成熟了，但直到10岁左右，它们拥有自己的领地或者取得统治地位时，才能得到交配机会。

幼崽在一年中的任何时候都可以出生，但雨季是非洲犀牛的交配高峰期，因此大部分幼崽会在旱季初期出生。母犀牛可以用母乳给幼崽提供营养，以便度过那段艰难的时光。

成年犀牛大部分都是独居的，除了和发情的雌性短暂地在一起待一段时间之外，但母犀会一直和最近出生的幼崽待在一起，直到幼崽2~3岁时，为了下一个幼崽的出生小犀牛才会被迫离开。然而那些不成熟的雌雄个体或者还没有生育幼崽的成年雌性有时也会成双结对，甚至组成更大的群体带着一只幼崽的雌犀牛，加上一只大一点的小犀牛而组成三成员群体，在犀牛中也并不罕见，虽然这只雌犀牛一般不是那只比较大的小犀牛的母亲。没有幼崽的成年雌性犀牛也十分乐意带着那些年轻的小犀牛。

犀牛一般的生活范围是10~25平方千米，而在低密度分布地区，可能会达到50平方千米，甚至更大。雌性犀牛的生活范围从3平方千米的森林小块

地，到高达近90平方千米的干旱地区不等。

所有种类的雄性都会加入到导致严重受伤的残酷的争斗中，犀牛通过它们前面的触角来较量。在种内战可能导致毁灭性后果的物种中，大约50%的雄性和33%的雌性由于战斗留下的创伤而死亡。它们为什么如此好斗？人类不得而知，但不管怎样，有着高死亡率的犀牛的数量恢复很慢。亚洲的犀牛会张开大嘴，用它们长尖的下门齿来进行攻击，而苏门犀牛则是用它们的下犬齿进行攻击。

黑犀牛以具有无缘由的进攻性而闻名，然而它们通常只是以盲目的疯跑来赶走入侵者。印度犀牛受到骚扰时，经常充满进攻性地狂奔；在一些犀牛占据的避难所，它们还时不时地攻击大象。

形成对比的是，白犀牛尽管体型庞大，但其实很温和，天生没有攻击性。包括那些快要成年的白犀牛在内的一群白犀牛，经常臀部互相紧贴，朝着外面的不同方向站立，形成保护阵形。这样或许可以成功地保护那些小犀牛不受诸如狮子和鬣狗这样的肉食动物的攻击，但是对付装备了武器的人类却无能为力。

牛魔王——水牛

中文名：水牛

英文名；Bubalus bubalus

分布区域：印度、尼泊尔、不丹和泰国，澳大利亚北部也有野生的水牛

非洲水牛，属牛科，是非洲草原上体型最大的动物之一，成年水牛身高可达1.7米，体长为3.4米，体重平均属900千克，而体型大的能超过1500千克。

顾名思义，非洲水牛可以说是无水不欢，每天至少喝水一次，从不远离水源。因此它主要生活在沼泽、非洲的平原以及草场和森林的主要山脉，是食草动物。水牛可居住在最高山脉海拔地区，喜欢栖息在被植物密集覆盖的地方，如芦苇和灌木丛，也在开放的林地和草地生活。它们是夜行动物，日间会避开烈日高温，常躲在阴凉处或浸泡在水池或泥泞中使身体凉快些。

非洲水牛为群居动物，牛群中最强壮的母牛会成为族群的领袖，统领牛群，并享有吃最好草粮的权利，只有那些年老或受了伤的非洲水牛才会落单。

非洲水牛虽是食草动物，但却是最可怕的猛兽之一。在非洲草原上，如果你遇到了一两头非洲水牛，可能你还算幸运；但是当一群水牛朝你狂奔过来时，厄运就要降临了。这些水牛往往集体作战，由一头成年雄性水牛带头，组成大方阵冲向入侵者，通常有数百头甚至上千头，它时速高达60千米，在这样强大的阵势下，人会被踏成肉泥。事实上，人类也是它们唯一的天敌。因为即使是威武的狮子，见到这样的阵势，也会给它们乖乖让路。

　　每年都会有非洲水牛伤人的事件发生。非洲水牛每年杀死的人数要比其他任何动物杀死的都多。即使非洲水牛表现的再凶猛，狮子也会定期冒险挑战一下，在挑战的时候，通常需要多只狮子推翻一个成年水牛，只有成年雄性狮子才可以独自猎杀水牛。除了狮子外，尼罗河鳄鱼也会攻击年老和年轻的水牛。另外，鬣狗也是一种威胁，不只有新生犊牛受猎，鬣狗杀死公牛的记录也正在全面增长。

　　水牛交配和分娩非常严格，一般定在雨季进行。出生高峰在本繁殖期初的交配高峰期后。小牛出生后，母牛会严密看护小牛成熟，同时保持与其他公牛的距离。但是要做到这一点，是极其困难的。因为母牛会招来许多雄性的接近，这时候，小牛就会成为发情的公牛攻击的对象。

　　5岁后，母牛就开始了第一次交配，母牛的怀孕期为11.5个月。头几个星期，新生牛犊仍然隐藏在植被里，而正在哺乳的母亲偶尔加入的主要群体，犊牛会被关押在该中心的畜群安全区。公牛离开它们的母亲后，2岁会正式加入水牛群体。

最大捕猎者——阿拉斯加棕熊

中文名：阿拉斯加棕熊
英文名：Ursus arctos middendorffi
分布区域：北美洲阿拉斯加

阿拉斯加棕熊身长可达 3.25 米，肩高达 1.50 米以上，体重达 800 千克。阿拉斯加棕熊由于体型过大，过去曾被当做独立的物种。阿拉斯加棕熊为动物学家们公认的最大的陆生食肉动物。

在美国，阿拉斯加被称为最后的边疆，这是一片人类文明所及范围之外的、没有时空概念且自然而美丽的沃土，阿拉斯加有各式各样的野生动物种类，是美洲最大的自然动物栖息地，也是世界现存为数不多的自然动物园之一。在那里，你可以看到星光下两只雄性驼鹿为争霸进行的角斗厮杀，抑或瞥到狼群正在巡防着属于自己的领地。

阿拉斯加州大约生活着 4000 只棕熊。每年夏天，阿拉斯加州麦克尼尔河上的瀑布，就成了棕熊的乐园，一群群棕熊在瀑布下猎捕河里的鲑鱼。

阿拉斯加的棕熊到了冬季就需要足够多的脂肪来抵御寒冷。冬天来临时，棕熊会沿着河床学习捕捉逆流而上的鲑鱼，一般它们 1 天吃掉 100 条鲑鱼，可增加体重 136 千克，这样就可以度过阿拉斯加漫长的冬季。

棕熊捕鱼技巧最为高超，它的生存具有很大的挑战性。一般体型庞大的棕熊由于力量强大，总能占据较好的位置。因为鲑鱼喜欢向瀑布上游跳跃，以便获得更多的氧气。棕熊掌握了鲑鱼这一本能特点，就站在瀑布上游，等

待鲑鱼跃起自动送到棕熊的嘴里。当然，那些体型较小的棕熊就没有这种得天独厚的优势。于是，它们就会想方设法偷食同伴的战利品。

当体型小的棕熊看到体型大的棕熊捕获鲑鱼时，它便决定向大棕熊发起攻击。大棕熊本能地张口还击，结果刚一张嘴，鲑鱼便掉到了河里。被咬伤的鲑鱼被河水从上游冲到了站在下游的小棕熊的脚边，就成了小棕熊的可口美餐。

其实，小棕熊本不敢真正向强者发动攻击，它只不过是想吓唬一下大棕熊，希望能分到一些食物。大棕熊心里其实也很明白，只要它咬定食物不放，小棕熊根本不可能伤害到它，更不敢抢走它的食物。但每当小棕熊走近时，大棕熊便会情不自禁地张口还击，结果，小棕熊屡屡得手。小棕熊正是利用了大棕熊的这一本能的弱点，而成了棕熊队伍里的专业偷食者。

位于阿拉斯加的柯迪亚克岛是世界上最大的棕熊栖居地。每年冬季，是棕熊的冬眠期和生育期。经过多年的跟踪考察，科学家发现，棕熊每隔3~5年才能够生产一次，平均每胎只能生2只幼崽，即使是一头非常健康的母熊，一生最多也只能生育8只小熊。

第四章

其他凶猛动物

　　从远古祖先的动物图腾，到今天随处可见的防生学设计，作为万物灵长的人类，从古至今都在探索那些自然子民的奥秘。它们形成的生活习性和自身样貌，让我们感到好奇与迷茫。本章将带你去认识动物界的另类霸主。

长嘴怪——鳄鱼

中文名：鳄鱼

英文名：Siamese crocodile

分布区域：热带到亚热带的河川、湖泊、海岸

人们通常会看见鳄鱼张大嘴巴懒洋洋地趴在那里，这个时候千万不要以为它是在打瞌睡。它这样做只是为了让自己凉快一些。因为它的皮肤上没有毛孔，所以鳄鱼只能张大嘴巴，把肚子里的热气从嘴里散发出来。

鳄鱼是水中最凶猛的动物之一，它们长得非常丑陋，全身上下披着像盔

甲一样粗糙的鳞片，满嘴交错生长的利牙，让人看上去就觉得很恐怖害怕。鳄鱼是食肉性动物，它们以蛙、鱼以及大型的哺乳动物为食。它们捕猎时很狡猾，通常都只是把长在头顶上的眼睛、耳朵、鼻子露在水面上，而把整个身子沉入水中，远远看上去就像水面上漂浮不定的一段木头一样，别的动物很容易因此而上当。

鳄鱼的牙齿不能咀嚼，给它带来了很大的不便。它强大的双颌具有巨大的咬合力，但是不能撕咬和咀嚼，使它们只能像钳子一样把食物"夹住"。当鳄鱼捕捉到大型的猎物时。它不能像老虎、狮子那样把猎物咬死，而是把猎物拖到水中使之溺水而死。如果捕到的是水中的大型动物，它就把猎物拖到陆地上，让它们窒息而死。然后，鳄鱼才开始慢慢享用。

要是猎物太大，鳄鱼吞不下去，它就会用嘴咬住猎物，在石头或是树干上猛烈摔打，直到把它摔软或摔碎后再张口吞下。但如果还是不好下口，鳄鱼就直接把猎物扔在一旁，等它慢慢腐烂，烂到可以吞下去的时候再吃。

鳄鱼的胃具有强大的消化功能。它的胃能够分泌很多胃酸，这些胃酸具有很强的酸性，能够帮助鳄鱼消化大块的食物。为了磨碎肚子里的东西，鳄鱼必须另外吞下一些石头。这些石头效果很好，不仅帮助它消化食物，而且对它游泳也有好处。当鳄鱼沉在水底的时候，这些石头就像轮船底层压上的重东西一样有用，可以帮鳄鱼在水中保持平衡，不至于翻倒在水中或偏离方向。

鳄鱼虽然生性凶残，但它在吃其他动物时，却一边吃一边眨着灰蓝色的眼睛流泪哭泣。其实，这并不表示它在伤心，鳄鱼流眼泪与感情无关，这仅是它排泄体内过多盐分的方式。鳄鱼排泄盐分的器官盐腺刚好长在眼睛旁边，它在撕咬猎物的时候，恰好盐腺也在排出盐分，这就是我们看到的"鳄鱼的眼泪"。

大部分鳄鱼都喜欢晒太阳，而短吻鳄却完全生活在阴暗的地方，但是它们的寿命却比其他种类的鳄鱼长，它们一般可以活30~35年。区别长吻鳄和短吻鳄的方法主要就是看它们的牙齿。如果鳄鱼下排的第四颗牙齿凸在嘴巴外面，就是长吻鳄；如果它整个下排牙齿全闭合在嘴巴里不露出来，那就是短吻鳄。

鳄鱼的耳、鼻都长有瓣膜，潜入水中时耳、鼻自动关闭，方便它们在水中捕食。它们所具有的强健有力的尾巴，起着划行与控制方向的作用，像船桨一样推动身体前进。世界上仅有25种鳄鱼，而中国只有"扬子鳄"1种。

活化石——扬子鳄

中文名：扬子鳄

英文名：Chinese Alligator

别称：中华鼍、土龙、猪婆龙

分布区域：中国长江中下游地区

　　扬子鳄属于鼍科，喜欢生活在水边的芦苇或竹林地带。它是古老的现存数量非常稀少、世界上濒临灭绝的爬行动物。那时，爬行动物曾称霸于中生代，地球是它们的天下。后来因为环境变化，恐龙等许多爬行动物不能适应而绝灭了；而扬子鳄等爬行动物却一直延续到今天。在扬子鳄身上，至今还可以找到早先恐龙类爬行动物的许多特征。所以，人们称扬子鳄为"活化石"。

　　扬子鳄是我国特有的鳄类。它的身体没有非洲鳄和泰国鳄的体型那么巨大。成体全长可达2米左右，尾长与身长相近。它的头扁，吻长，外鼻孔位于吻端，有活瓣。它的身体外被革质甲片，腹甲较软；甲片近长方形，排列整齐；有两列甲片突起形成两条嵴纵贯全身。它的四肢短粗，趾间具蹼，趾端有爪。它的身体背面为灰褐色，腹部前面为灰色，自肛门向后灰黄相间，尾侧扁。初生小鳄为黑色，带黄色横纹。扬子鳄的吻短钝，属短吻鳄的一种。因为扬子鳄的外貌非常像"龙"，所以俗称"土龙"或"猪婆龙"。20世纪70年代，它被携出国门，云游欧洲，名扬世界。

　　扬子鳄性情凶猛，以各种兽类、鸟类、爬行类、两栖类和甲壳类为食。扬子鳄每年10月就钻进洞穴中冬眠，到第二年4、5月才出来活动。它以卵

繁殖，6月交配，7~8月产卵，每窝可产卵20枚以上。扬子鳄的卵常产于草丛中，上覆杂草，母鳄小心地守护在一旁，卵靠自然温度孵化，孵化期约为60天。

扬子鳄的生活领域很广，使它们容易在生存斗争中成为优胜者。有人把扬子鳄称为鳄鱼，把它看做是鱼一类的水生动物。其实扬子鳄没有鳃，也不是水生动物，只不过扬子鳄又回到水中，形成了一些适应水中生活的特点，从而具有了水陆两栖的本领。

扬子鳄善于打洞，头、尾和锐利的趾爪都是它的打洞工具。俗话说"狡兔三窟"，而扬子鳄的洞穴还超过三窟。它的洞穴经常打在湖泊、沼泽的滩地或丘陵山涧长满乱草蓬蒿的潮湿地带，有的在岸边滩地芦苇、竹林丛生之处，有的在池沼底部。洞穴有几个洞口，地面上有出入口、通气口，而且还有适应各种水位高度的侧洞口。洞穴内恰似一座地下迷宫，曲径通幽，纵横交错。也许正是这种地下迷宫帮助它们度过了严寒的大冰期和寒冷的冬天，同时也帮助它们逃避了敌害而幸存下来。

扬子鳄白天经常隐居在洞穴中，夜间外出觅食。它尤其喜静，不过有时候白天它也出来活动，经常在洞穴附近的岸边、沙滩上晒太阳。它常紧闭双眼，爬伏不动，处于半睡眠状态，给人们以行动迟钝的假象，可是，当它一旦遇到敌害或发现食物时，就会立即将粗大的尾巴用力左右甩动，迅速沉入水底逃避敌害或追逐食物。

例如在陆地上遇到敌害或猎捕食物时，扬子鳄就能纵跳抓捕，纵捕不到时，它那巨大的尾巴还可以猛烈横扫。可惜的是，扬子鳄虽长有看似尖锐锋利的牙齿，可却是槽生齿，这种牙齿不能撕咬和咀嚼食物，只能像钳子一样把食物"夹住"，然后囫囵吞枣地咬下去。

20世纪70~80年代，安徽芜湖万春圩一带的河滩上生活着很多扬子鳄，扬子鳄的子孙可谓兴旺发达。可是到了1949年，那里已很难听到扬子鳄的吼叫声了。现在，扬子鳄数量日益减少，它的分布区也在不断缩小。是什么原因造成了这一现象呢？

仔细分析，主要还是栖息地环境遭到了破坏。由于扬子鳄全身都是宝，它的肉曾作为宴席上的佳肴供人们食用。它的皮是上好的制革材料，它具有很高的药用价值，因此遭到人们的乱捕滥杀。因为扬子鳄是一种肉食性动物，能在圩堤上挖穴打洞，因此农民曾把它当做有害动物，见了就捕杀。这就使

扬子鳄陷于几乎要灭绝的境地。

为了保护生态平衡，1972年我国政府将扬子鳄列为国家一级保护动物，1973年《濒危野生动植物国际贸易公约》将它列入重点保护动物名录，禁止贸易。1981年有关专家估计，野外生存的扬子鳄仅存300~500条，这一物种可能在10年内灭绝。然而令人庆幸的是，时至今日，扬子鳄不仅没有绝灭，而且数量已大大增加。这一人间奇迹又是怎样创造出来的呢？

这得益于我国政府对扬子鳄的重视。为了保护扬子鳄，改变濒临灭绝的状况，让它生存繁衍下去，我国政府投入了巨大的物力和人力，建立了安徽国家级扬子鳄自然保护区和扬子鳄繁殖研究中心。

但是仅靠扬子鳄自身的繁殖，仍无法挽回扬子鳄灭绝的命运。因此，从20世纪70年代起，我国的科学工作者就开始迈上了充满坎坷的人工繁殖扬子鳄的征途，现在我国人工孵化鳄卵、人工繁殖鳄群技术已走在世界前列。在他们不懈的努力下，扬子鳄的数量已从建场初期的170条增加到4000多条，现在每年的繁殖数量都在1000条以上，扬子鳄已成为被国际贸易公约批准的第一种可以进行商品化开发利用的动物。

人类的"烦恼"——蟑螂

中文名：蟑螂

英文名：Cockroach

别称：蜚蠊、小强

分布区域：热带、亚热带地区

蟑螂属昆虫纲，蜚蠊目，在地球上生活了几亿年，是动物界的化石动物。现在已知蟑螂种类达3500种（也有报道说有5000种），有家栖和野栖两类。野栖种类大多生活在草丛、枯枝落叶堆、碎石或树皮下，也有的生活于蚁、白蚁、蜂类等巢穴中。野生的蟑螂种类较多，而家栖种类只占本目的0.5%，主要属于蜚蠊科、姬蠊科和折翅蠊科。

蟑螂在我国的数量有168种之多，长江以北以德国小蠊为主，它们长约15毫米，是公共场所和居家的主要害虫之一。

蟑螂取食广泛，是杂食性昆虫，它喜食各种食品，包括面包、米饭、糕点、荤素熟食品、瓜果以及饮料等，尤其偏爱香、甜、油的面制食品。蟑螂嗜食油脂，在各种植物油中，香麻油最具诱惑力。

蟑螂的足发达，适于疾走，每小时能跑约5千米的路，也会游泳。蟑螂触角的嗅觉十分灵敏，能够根据气味来辨认同类。蟑螂贪食成性，不仅吃食物，也吃大便和痰液，吃进后，常将部分食物呕出，能传播痢疾、伤寒、霍乱、寄生虫等。

蟑螂的破坏性极强。它能咬坏书籍、衣服甚至皮件，同时也污染衣物等。另外，它还能分泌含臭味的液体，在其接触过的食物及物品上留下特殊的臭味。

蟑螂喜欢选择温暖、潮湿、食物丰富和多缝隙的场所栖居，这是它们孳生必备的4个基本条件。人们生活和居住的建筑物内，一般都具备这些条件。所以在饭店、家庭、火车、轮船上，厨房总是受蟑螂侵害最严重的场所。在厨房里，它们喜欢栖居在靠近炉灶、水池的地方。蟑螂喜暗怕光，昼伏夜出。白天隐藏在阴暗避光的场所，如家具、墙壁的缝隙、洞穴中和角落、杂物堆中；夜晚，特别在灯闭入睡之后四处活动、觅食、寻求配偶。在一天24小时中，约有75%的时间处于休息状态。另外，蟑螂也是喜欢群居的生物。在一个栖息点上，少则几个，多则几十、几百个聚集在一起，蟑螂的聚集是由于信息素的诱集作用。蟑螂的成虫和若虫都能分泌一种"聚集信息素"，由直肠垫分泌，随粪便排出体外。

蟑螂的生殖能力极强，雌雄蟑螂交配后，雌蟑螂的尾端便长出一个形如豆荚状的东西，这就是卵鞘，卵就产在其中。一只雌虫少则可产10多个，多则可产90多个卵鞘。一个卵鞘中少则可孵出10只，多则可孵出50多只小蟑螂，这与蟑螂种类有一定的关系。因此，人类要注意消灭蟑螂卵鞘，灭掉一个卵鞘就等于消灭了几十只蟑螂。

和其他生物相比，蟑螂的生命力非常顽强。蟑螂能耐渴更能忍饥，甚至可以1个月不喝水，而在有水的条件下更可以3个月不吃东西。

令人惊讶的是，即使缺失了一段身体，蟑螂仍然可以有很强的生命力。比如蟑螂在没有头的情况下仍然可以存活一周，而无头蟑螂也只是因为没有嘴喝水而被渴死。

当处于恶劣的环境条件下，无食又无水时，蟑螂间会发生互相残食的现象，大吃小，强吃弱，特别是刚刚蜕皮的虫子，不能动弹，表皮又嫩，就成了竞相争食的对象。

正是因为蟑螂有顽强的生命力，所以蟑螂的历史非常悠久，据推测，蟑螂很可能是和恐龙同时代的生物。考古发现，在石炭纪的地层中有两三百种蟑螂化石。我们现在在厨房里见到的蟑螂，与距今3~5亿年以前的蟑螂大同小异。可见，那时，蟑螂就在地球上开始活动了。蟑螂不愧是世界上最古老而至今仍成功繁衍的昆虫种群。

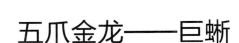

五爪金龙——巨蜥

中文名：巨蜥

英文名：Stellio salvator Laurenti

别称：五爪金龙、四脚蛇、鳞虫

分布区域：中国的广东、广西、云南、海南等，马来西亚、缅甸及澳大利亚等地

　　巨蜥是我国蜥蜴中最大的一种，全长近2米，尾长约占全身长度的3/5，体重一般为20~30千克。巨蜥全身长满细小的鳞片，头部窄长，舌头也很长，前端分叉较深，四肢粗壮。巨蜥背部为黑色，杂有黄色斑纹；腹面为淡黄色或灰色，有黑色斑纹分布；尾部则为黑黄相间的环纹。巨蜥趾上的利爪，尾侧扁如带状，很像一把长剑，尾背鳞片排成两行矮嵴，这种结构，使它的尾巴不像其他蜥蜴那样容易折断。

　　巨蜥以陆地生活为主，喜欢栖息于山区的溪流附近或沿海的河口、山塘、水库等附近。它们昼夜活动，但在清晨和傍晚最为活跃。巨蜥虽然体型很大，但行动灵活，不仅善于在水里游泳，还能攀附矮树。所以，它们不仅可以捕食水里的鱼虾类或蛙类，也可以到树上捕食昆虫、鸟类及鸟卵，偶尔也吃鼠类及其他动物的尸体，捕获不到食物时就会爬到村庄里偷食家禽。成年巨蜥一顿就能吃下相当于体重80%的食物，所以，巨蜥在餐前和餐后的体重相差很大。

　　巨蜥在遇到敌害时会一边鼓起脖子，使身体变得粗壮，一边发出"嘶嘶"的声音，并吐出长长的舌头恐吓对方，或者把吞食不久的食物喷射出来引诱对方，自己则乘机逃走或立刻爬到树上隐藏起来等。但更多的时候，巨蜥会选择与对方搏斗。搏斗时，巨蜥会先将身体向后移动，面对敌人，摆出一副格斗的架势。在相持一段时间后，再慢慢靠近对方，把身体抬起，出其不意地甩出自己长而有力的尾巴，向对方抽打过去。它们的尾巴很有力量，很多小动物都会丧身其下。如果对方过于强大，它们就会爬到水中躲藏起来，并且能在水中停留很长时间。所以，在云南西双版纳，当地居民都叫它"水蛤蚧"。

　　巨蜥的产卵期在每年的6~7月。它们会先在岸边找好一个洞穴或是树洞，每次产卵15~30枚，40~60天后，靠自然温度孵化出幼仔。但若在野生状态下，卵的孵化期可长达1年。巨蜥的寿命一般可达150年左右。

"生化武器"高手——科摩多巨蜥

中文名：科摩多巨蜥
英文名：Komodo dragon
分布区域：印度尼西亚某些岛屿、干草原和树林

在印度尼西亚科摩多岛和它邻近的几个岛屿上，生活着一种巨大的怪物，它们身长超过3米，皮肤粗糙，身上长满了隆起的疙瘩，看起来像披着一层厚厚的铠甲；它们拖着一条长长的粗壮的尾巴，尾巴非常有力，甚至在一挥之下就能扫倒一匹小马；它们长着长长的尖爪，可以轻易地将猎物撕成碎片。它就是科摩多岛上最无情的恶魔杀手——科摩多巨蜥。

科摩多巨蜥喜欢居住在岩石或树底的洞里。每天早晨太阳升起，它们就会钻出洞穴，到岩石上晒太阳，它们僵硬的身子在阳光的照耀下很快就暖和起来，然后，它们就要四处寻找食物了。腐肉是科摩多巨蜥最喜欢的食物，它们敏锐的舌头能够起到搜索气味颗粒的作用，如果在周围1000米的范围内有食物的话，它们很快就能察觉到。

科摩多巨蜥虽然身形笨拙，行动迟缓，但它们奔跑的速度却不容小觑。但它们并非采用奔跑的方式追捕猎物，最常见的情况是在猎物经过的路途上潜伏起来，待时机成熟发动一次突然袭击。它们的爪子、尾巴和牙齿都能为捕猎加分，即便是猎物侥幸一时逃脱，也是必死无疑。因为科摩多巨蜥的体液，尤其是唾液中，隐藏了多种脓毒性的细菌，一旦猎物被咬伤，细菌会通过伤口进入体内，顺着血液循环迅速传播，很快会引起败血症，猎物的行动越来越迟缓，72小时内便会死亡。科摩多巨蜥会不紧不慢地跟在猎物身后，

它们明白猎物已经逃脱不掉，很快就可以坐享其成了。等猎物终于倒下，它们就可以敞开肚皮大吃一顿。奇怪的是，科摩多巨蜥本身并不会受到毒性细菌的影响，反而会将它当做杀手锏，由此可以想象，科摩多巨蜥也许是世界上最早懂得利用"生化武器"的高手。

科摩多巨蜥的胃就如同一个弹性极佳的橡皮口袋，可以装下相当于自身体重80％的食物，而为了消化这些食物，它们不得不用上六七天的时间。如果肉实在太多一次吃不完的话，它们还会把剩下的食物埋到土里，等到下次饿了再吃。印度尼西亚炎热的气候使得肉很快变质腐败，而这正是科摩多巨蜥乐于见到的。不过，大多数时候，它们并不能独享美食。猎物散发出的"香"味会引来众多的科摩多巨蜥。大家围在一起进食，只有身强体壮的个体才能优先享用食物，接下来是它们的亲朋好友和追随者，而那些体型稍小、不那么强壮的陌生来客则会被强者用尾巴扫到一边，如果想要强行抢夺食物的话，很可能自己也会被吃掉。

天生毒王——希拉毒蜥

中文名：希拉毒蜥

英文名：Gila Monster

别称：大毒蜥、钝尾毒蜥、吉拉毒蜥

分布区域：美国西部和南部各州，以莫哈维沙漠及索若拉沙漠为中心，延伸进入墨西哥南部索诺拉州

希拉毒蜥是美国最大的蜥蜴，也是世界上两种有毒蜥蜴之一。另外一种是产于墨西哥的串状链蜥蜴，其体型大于希拉毒蜥，但是性情却不如希拉毒蜥凶猛。

希拉毒蜥属中大型的蜥蜴，体长在37~45厘米之间，体重在900~1200克之间，整个身躯就像一只大个头的壁虎。它长着一颗与四肢大小很不相称的硕大头颅，具有分岔的黑色舌头，它们吐出舌头的作用与蛇吐信的作用相同，都是借吐舌的行为来探测周围的气味，进而判断食物的位置或寻找配偶等。它的头部、四肢、身体及尾巴都布满了粒状的鳞片，只有吻部及腹面有片状鳞片。它的吻部至两颊为黑色，身上覆盖有5道马鞍状黑色斑纹，尾部短粗，尾巴上有4~5条黑色带状花纹，底色为鲜艳的橘色或黄色。它们身上的花纹随着栖息地及年龄不同而发生变化。

希拉毒蜥不常外出，它90%的时间都躲在地下洞穴中，只在觅食时出来活动。它们在野外的攀爬功夫一流，因此经常爬到树上捕食幼鸟或鸟蛋，但是毒蜥不喜欢吃老鼠。

希拉毒蜥主要以各种小蜥蜴、啮齿类动物、鸟类雏鸟、鸟蛋等为食。虽然希拉毒蜥外表看起来笨重迟缓，但捕猎的速度却是快如闪电。希拉毒蜥在进食啮齿动物幼崽时，会从脑袋吃起，绝对是生吞活剥。两只雄性希拉毒蜥相遇也会发生打斗。

在希拉毒蜥的上下腭中，生有向内弯曲的牙齿，在发达的下腭中还藏有毒牙。希拉毒蜥的每个毒腺都是由许多的小毒叶组成，每个毒叶都靠近牙齿，有各自的小管及出口，随着肌肉的收缩毒腺可以挤出毒液，这些毒液会逐渐流到牙齿的沟槽内。

希拉毒蜥的毒液是一种神经毒。人一旦被希拉毒蜥咬伤，毒液就会由伤口进入人体，再随人体内的淋巴腺流到体内的其他部位。一旦到达心脏，毒液中的血毒素就会随之进入人体血液循环中。而血毒素攻击的对象不是血液而是血管壁。因此，被希拉毒蜥咬到的地方，血液就会通过血管壁像水一般喷涌而出，从而引起大面积出血。受害者会出现四肢麻痹、昏睡、休克、呕吐等中毒症状，不过一般不会有致命的危险。尽管如此，人们还是必须十分小心，因为巨蜥的咬合力量不仅很大而且它们会持续啃咬，一般不会主动松口，所以很容易造成很严重的伤口。

　　此外，希拉毒蜥是一种由蜥蜴向蛇转变的中间物种，它对于研究蛇类毒液的产生和进化历程等都有着极其重要的意义。

　　希拉毒蜥具有冬眠的习性，因此，如果没有经历低温期，多半的雌雄对都无法繁育。冬眠结束苏醒后的希拉毒蜥雌雄对会立刻进行交配，大概30分钟后，雌性会将卵产于地下洞穴中，每窝一般可产卵3~12枚，其中多数产卵5枚左右，孵化期一般持续10个月。幼蜥蜴刚一出世，便需要自力更生。如果成长顺利，长寿的希拉毒蜥可以活到30岁以上。

织网高手——蜘蛛

中文名：蜘蛛

英文名：Spider

别名：网虫、扁蛛、园蛛、八脚蟆、喜子、波丝

分布区域：除南极洲以外的其他地区

蜘蛛是大家比较熟悉的生物，在分类学上属节肢动物门，蛛形纲。目前科学界已知的蜘蛛种类有3.5万种，而且还不断有新品种被发现，如果具体地划分，蜘蛛大体上可分为3类：第一类为猎食类，可到各处去觅食；第二类为结网类，它结网等待小昆虫送上门来再取而食之；第三类为洞穴类，它们喜欢躲在洞穴内，在洞口结网，以捕食小虫等为食。

蜘蛛主要以捕食幼小的昆虫为主，而一些鸟类则成了蜘蛛的天敌。所有的蜘蛛都长着有毒的牙。它们视力很好，部分有6只眼睛，部分有8只眼睛，很容易从不同角度观察各个方向。它们有8条腿，身体的两侧各有4条。

在形态上，蜘蛛身体呈圆形或椭圆形，分头胸和腹部两部分，两者之间有腹柄和钳状螯肢。有触须，雄蜘蛛的触须内有精囊，头胸部有4对步足，大多数蜘蛛肛门尖端的凸起能分泌黏液，黏液在空气中凝成细丝，用来结网捕食昆虫。

人类在观察蜘蛛结网以后得到了很多启示，比如有位法国科学家发现蜘蛛腹内腺体能造丝，腹部末端有吐丝器官，闪有许多小孔，蛛丝就从这些小孔中压出。蛛丝出来是液体，接触空气后成为固体。于是他挤出蜘蛛的胶液，

用人工方法抽成细丝，制造了世界上第一副"人造丝"手套。当然，这副手套又细又脆，不能遇水，据说至今还保存在法国巴黎。

现在人类经常用的人造纤维也是从蜘蛛那里学到的。蜘蛛在吐出一种叫生丝素的液体后，会迅速把生丝素拉紧，使其中的分子游离出来形成一种透明的结晶体，有效地提高了蛛网的强韧度。这一启迪，使人们制造出合成纤维。比如制造聚丙烯纤维，就是将化学物质的分子拉紧排成一列，再使分子结晶，这些结晶体就使合成纤维具有很高的强韧度。

可以说，蜘蛛的身上有很多有价值的东西。比如，研究生物技术的科学家们在对蜘蛛进行解剖后发现，蜘蛛的丝腺和山羊的乳腺是相似的，于是他们把蜘蛛的这一基因植入活体山羊乳腺内，使山羊产生含有丝蛋白质的奶，再从羊奶中提取这种蛋白质纺成纤维。现在，美国和加拿大的军队已利用这种纤维制造更轻便结实的防弹背心和防弹服。

庞大的蜘蛛家族中也有很多种类对人类危害很大，比如在南美洲亚马孙河流域有一种毛蜘蛛，它的可怕之处就是能与植物合谋吃人。日轮花的枝叶有着很强的缠性，人一旦触到日轮花就会被死死缠住，这时，成群的毛蜘蛛

就会涌上来将人慢慢吃掉。与其相反，在澳大利亚有一种猎人蛛，它专吃蚊子并有着高超的捕蚊本领，被人亲切地称为"梦乡卫士"。

在所有蜘蛛中，名称最古怪的要算生活在夏威夷卡乌阿伊岛上某些洞穴里的一种盲蜘蛛了，叫无眼大眼妹。原来，根据各方面的特征它都属于大眼蛛科，只是由于它在洞穴里住久了，造成双目失明，于是留下了"无眼大眼"的怪名。另外，还有一种吃鸟的蜘蛛，它们生活在南美洲，最大的像鸭蛋那么大，吐的丝又粗又牢，在树林里结网，经常用网捕捉小鸟。而世界上最毒的蜘蛛就是生活在澳大利亚灌木丛或草地上的黑蜘蛛，它身上有一个毒囊，其中有毒性极强的毒汁，人兽或家禽被它咬伤，几分钟内便有丧命的危险。

埋伏高手——螳螂

中文名：螳螂

英文名：mantis

别称：刀螂

分布区域：除极地外的世界各地

　　提起螳螂，人们可能就会想到雌螳螂吃雄螳螂的习俗。其实雌螳螂吃雄螳螂也是有一定原因的。因为雌螳螂在生育小螳螂时，要耗费很大的体力，为了保证它们的体力，雄螳螂自愿充当补品被伴侣吃掉。

　　到了交配季节，雌螳螂会散发一种叫做费洛蒙的激素。这种激素会吸引雄螳螂的到来，接收到这种气味的雄螳螂就会寻味而来。相见之后，它们并没有立即开始交配，而是先用它们那特殊的大眼睛相互打量，凝视良久。然后，先由雄螳螂摆动触角向雌螳螂表示爱意，雌螳螂也用摆动触角表示认可，这时雄螳螂才缓慢地向雌螳螂爬去。接近时，双方再互相摩擦对方的触角，经过双方的触角厮磨后，才会正式进入交配过程。螳螂的交配往往会持续几个小时。在交配完毕后，有时雌螳螂就会回过头来啃食雄螳螂的头部，进而一口一口把雄螳螂全身吃光。而此时的雄螳螂竟不作任何抵抗，任其为所欲为。这都是为了给交配后的雌螳螂提供大量的营养，来满足大腹中卵粒的成型。

　　不过这种现象在螳螂交配中并非每一次都会出现的。螳螂头上长着一对大复眼和三只单眼。它的复眼很奇特，在白天是透明的，到了晚上，就不再透明，变成巧克力色了。其实，这是螳螂为了适应黑暗，在夜晚也能看清四周，把眼睛里面的色素聚积起来的缘故。强壮的大颚旁边长着颚须，用来品

尝食物的味道。螳螂的头顶上长有两根细长的触角，它们常有把触角拉进嘴里的举动。这是螳螂清理触角的动作，保持触角干净，就可以维持它的灵敏度。它特有的"大刀"似的前足，让其他昆虫见了就害怕。

螳螂是一个勤劳而凶悍的捕食者。它们常常不分昼夜地随处捕捉猎物。当它们发现猎物时，"大刀"一样的前肢就发挥作用了。螳螂的前肢长着一排倒钩状的小刺，就像一对锋利的大镰刀，很多昆虫都不敢去招惹它们。螳螂可以说是昆虫王国的小霸王了。

同时，螳螂是一个"埋伏高手"，它们经常躲在草丛或树枝上，晃动着突出的大眼睛和三角形的脑袋，十分警惕，随时准备捕捉其他昆虫。它们有一项本领，就是会随着周围环境而改变自己的形态与颜色。有时它们像一片枯叶，有时它们又像一朵花。当蝴蝶这样的昆虫飞来飞去采蜜时，常常会被它们吓得半死。

现在生活在地球上的螳螂大约有1800种，在热带和亚热带地区繁殖特别旺盛。经过数百万年的进化，它们已经很好地适应了各地的环境，并且形成了适应环境的保护色和形态。绿叶螳螂大都分布在热带森林的各种叶层中，棕色干树叶类的螳螂则在林木底下繁殖。在草原、灌木丛，甚至是沙漠地区，都有螳螂的分布，而且身形各异，数量比地球上的人口还多。

蛇中之王——蟒

中文名：蟒蛇

英文名：Indian python

别称：南蛇、琴蛇、大麻蛇、埋头蛇、梅花蛇、金花大蟒、黑尾蟒

分布区域：巴基斯坦，斯里兰卡，尼泊尔，印度，向东到印度支那，南至印度尼西亚

　　蟒蛇是蛇类中最大的一种，体长可以达到7米，体重为60千克，据说有人还见过身长为9.6米的蟒蛇，真可谓是蛇中的"巨人"了。蟒蛇一般生活在气候温暖的地方，种类很多，非洲热带雨林中的球蟒在受到惊吓后会将身体团成球状，据说古埃及宫廷专门养它来捉老鼠。黄金蟒是缅甸蟒蛇的变种，因其稀有而被原产地的居民当成神灵来膜拜。此外，还有血蟒、非洲岩蟒、安哥拉蟒、森蚺等许多种类。蟒蛇体型庞大，体表花纹非常美丽，是一种非常漂亮的无毒动物。

　　蟒蛇有个好胃口，可以吞下比自己体重大得多的动物。曾经有人发现一条10千克重的蟒蛇吞下了一头15千克重的小猪，真可谓骇人听闻。蟒蛇捕猎时，遇到小猎物如老鼠之类，就直接吞入腹内，稍大一些的，先用身体缠住猎物致死，然后再吞下去。所有的蛇类吃东西都是囫囵吞枣式的，因为它们的胃壁上有很多粗大的皱襞，伸缩性极强，可吞食很大的食物，而且蟒蛇新陈代谢很慢，消化过程进行得也较慢，食物可以在胃内停留很长时间，不用担心消化不良。饱食之后，巨蟒可以有几个月的时间都不用吃东西了。巨蟒的狩猎对象有兔子、麂、鸟类、家禽等。此外，它还是捕鼠能手。

　　蟒蛇同其他的蛇一样喜热怕冷，最喜欢生活在25~35℃的环境中，而且只有在温度达到25℃以上时才取食。当环境温度在20℃时则很少活动，到15℃时，蟒蛇则开始进入麻木状态，如气温继续下降到5~6℃，就会死亡。所以即使生活在热带，蟒蛇也会冬眠，而且冬眠期长达四五个月。不只低温对蟒蛇伤害大，它们在强烈强光下暴晒过久也会死亡。因此，夏季高温时，经常可以看到在树阴下盘旋而卧的一动不动的蟒蛇。

　　巨蟒蛇的视力并不太好，但这并不意味着老鼠可以躲在那里不被发现，因为巨蟒蛇寻找猎物并不是靠眼睛看，而是依仗敏锐的嗅觉。蛇类常将长长的芯子探出来，是为了探察外界的情况。此外，巨蟒蛇还有一门先进的武器——"红外线探测仪"，位于眼睛和鼻孔之间的颊窝处，凭借这一武器，它可以觉察到老鼠身体不断散发出来的热量，从而获知老鼠的方位、大小等信息。由于蟒蛇具有如此强大的能力，在非洲或欧洲曾有很多家庭养巨蟒蛇来看家护院，印度甚至还专门训练蟒蛇蛇照顾婴孩。

草上飞——蝮蛇

中文名：蝮蛇

别称：土球子、土谷蛇、土布袋、土狗子蛇、草上飞、七寸子、土公蛇

分布区域：中国大部分地区

蝮蛇体长为60~70厘米，头略呈三角形。它的背面呈灰褐色到褐色，头背有一深色"八"形斑，腹面呈灰白到灰褐色，杂有黑斑。

蝮蛇常栖于平原、丘陵、低山区或田野溪沟有乱石堆下或草丛中，弯曲成盘状或波状。它捕食鼠、蛙、蜥蜴、鸟、昆虫等。蝮蛇的繁殖、取食、

活动等都受温度的制约，低于10℃时蝮蛇几乎不捕食；5℃以下进入冬眠；20~25℃为捕食高峰；30℃以上的钻进蛇洞栖息，一般不捕食。夜间活动频繁，春暖之后陆续出来寻找食物。

短尾蝮的洞穴多在向阳的斜坡上，洞口直径为1.5~4.5厘米，洞深可达1米左右，大多利用蛙、鼠等挖钻的旧洞。蛇岛的中介蝮多栖息在石缝、草丛及树枝上，静止不动，头部仰起向着天空。当小鸟停落在它附近时，即迅速向小鸟袭击。常见一棵小树上有几条蝮蛇，在一株高约2米的栾树上曾见有21条，一棵樱树上见有25条。小鸟稀少时，多潜伏于草丛及石缝中。例如：1957年9月15日，岛上小鸟极少，所捕获的413条蝮蛇中，草丛里捕到的占54.52%，岩石上捕到的占43.61%，树上捕到的只占1.87%。

仔蛇2~3年性成熟，可进行繁殖。蝮蛇的繁殖方式和大多数蛇类不同，为卵胎生殖。蝮蛇胚在雌蛇体内发育，生出的仔蛇很快就能独立生活。这种生殖方式胚胎能受母体保护，所以成活率高，对人工养殖有利，每年5~9月为繁殖期，每雌可产仔蛇2~8条。初生仔蛇体长为14~19厘米，体重为21~32克。新生仔蛇当年脱皮1~2次，进入冬眠。

山谷蘸——尖吻蝮

中文名：尖吻蝮
英文名：Hundred-pace pitviper
别称：白花蛇、百步蛇、五步蛇
分布区域：中国，以武夷山山区和皖南山区最多

　　尖吻蝮是亚洲地区及东南亚地区内相当著名的蛇种，尤其在中国台湾及华南一带更是自古就备受重视的蛇类。

　　尖吻蝮头大，呈三角形，吻端有吻鳞与鼻鳞形成的一短上翘的突起。尖吻蝮头背为黑褐色，有对称大鳞片，有颊窝。它的体背呈深棕色及棕褐色，

背面正中有一行方形大斑块。它的腹面为白色，有交错排列的黑褐色斑块。

尖吻蝮生活在海拔100~1400米的山区或丘陵地带。大多栖息在海拔300~800米的山谷溪涧附近，偶尔也进入山区村宅，出没于厨房与卧室之中，与森林息息相关。炎热天气，尖吻蝮进入山谷溪流边的岩石、草丛、树根下的阴凉处度夏，冬天在向阳山坡的石缝及土洞中越冬。尖吻蝮喜食鼠类、鸟类、蛙类、蟾蜍和蜥蜴，尤以捕食鼠类的频率最高。

尖吻蝮其中一个为人熟知的名字是"百步蛇"，意指人类只要曾被尖吻蝮所咬，脚踏出百步内必然会毒发身亡，以显示尖吻蝮咬击的奇毒无比；有些地方更称尖吻蝮为"五步蛇"，进一步夸大其毒素的威力。

根据长年调查资料显示，由尖吻蝮的咬击所导致的危险事件甚至死亡事件，至少在中国大陆地区是较为常见的。这一方面是由于该蛇种个体较大，性情凶猛，毒牙较长，咬伤的情形较为严重；另一方面也由于该蛇属于排毒量较大的蛇种。

绿衣杀手——竹叶青蛇

中文名：竹叶青蛇

英文名：Medoggreenpit-viper

别称：竹叶青、青竹蛇、青竹标、刁竹青、焦尾巴

分布区域：中国长江以南各省、区

竹叶青蛇通身绿色，腹面稍浅或呈草黄色，眼睛、尾背和尾尖为焦红色。它的体侧常有一条由红白各半的或白色的背鳞缀成的纵线。它的头较大，呈

三角形，眼与鼻孔之间有颊窝，尾较短，有缠绕性，头背都是小鳞片，鼻鳞与第一上唇鳞被鳞沟完全分开。

竹叶青蛇发现于海拔150~2000米的山区溪边草丛中、灌木上、岩壁或岩石上、竹林中，路边枯枝上或田埂草丛中。它多于阴雨天活动，在傍晚和夜间最为活跃，以蛙、蝌蚪、蜥蜴、鸟和小型哺乳动物为食。

较常见的竹叶青蛇为白唇竹叶青蛇。白唇竹叶青蛇体长为60~75厘米，尾长为14~18厘米，体重约为60克。它的头呈三角形，其顶部为青绿色，瞳孔垂直，呈红色，颈部明显，体背为草绿色，有时有黑斑纹，且两黑斑纹之间有小白点，最外侧的背鳞中央为白色，自颈部以后连接形成一条白色纵线。有的在白色纵线之下伴有一条红色纵线，有的有双条白线，再加红线，亦有少数个体为全绿色。它的腹面为淡黄绿色，各腹鳞的后缘为淡白色，尾端呈焦红色。

白唇竹叶青蛇栖息于山区阴湿溪边、杂草灌木丛和竹林中，由于绿色的身体和善于缠绕的尾巴，很适应树上生活，它们常吊挂或攀绕在溪边的树枝

或竹枝上，体色与栖息环境均为绿色，极不容易被发现。它们有时也盘踞在石头上，头朝着溪流，若受惊扰就缓缓向水中游去。它们昼夜均活动，夜间更为频繁。

竹叶青蛇的食欲较强，食量也大，捕捉猎物时，通常先咬死，然后吞食。嘴可随食物的大小而变化，遇到较大食物时，下颌缩短变宽，成为紧紧包住食物的薄膜。竹叶青蛇常从动物的头部开始吞食，吞食小鸟则从头顶开始，这样，鸟喙弯向鸟颈，不会刺伤蛇的口腔或食管。吞食速度与食物大小有关，小白鼠5~6分钟即可吞食，较大的鸟则需要15~18分钟。

竹叶青蛇的消化系统非常厉害，有些在吞咽的同时就开始消化，还会把骨头吐出来。竹叶青蛇的消化要靠在地上爬行，利用肚皮和不平整的地面来摩擦。竹叶青蛇的毒液实际上是蛇的消化液，人的胆汁也属这种消化液。

虽然有强大的消化系统，但竹叶青蛇消化食物很慢，每吃一次要经过5~6天才能消化完毕，但消化高峰多在食后22~50小时。如果吃得多，消化时间还要长些。竹叶青蛇的消化速度与外界温度有关，在5℃气温下，消化完全停止；到15℃时消化仍然很慢，消化过程长达6天左右；在25℃时，消化才加快进行。

竹叶青蛇产生的毒素是血循毒。血循毒的种类多，成分复杂。以心血管和血液系统为主，竹叶青蛇产生多方面的毒性作用。其临床表现相当于中医的火热毒症状，故称"火毒"。竹叶青咬人时的排毒量小，其毒性以出血性改变为主，如能及时救治，中毒者很少死亡。

蚁族之王——白蚁

中文名：白蚁

英文名；White ant

别称：虫尉、大水蚁

分布区域：除南极洲外的六大洲，主要分布在南、北纬度45°之间

白蚁亦称虫尉，属节足动物门，昆虫纲，等翅目，类似蚂蚁营社会性生活，其社会阶级为蚁后、蚁王、兵蚁、工蚁。白蚁与蚂蚁虽同称为蚁，但在分类地位上，白蚁属于较低级的半变态昆虫，蚂蚁则属于较高级的全变态昆虫。

白蚁分布于热带和亚热带地区，以木材或纤维素为食。白蚁是一种多形态、群居性而又有严格分工的昆虫，群体组织一旦遭到破坏，就很难继续生存。全世界已知的有2000多种，中国除澳白蚁科尚未发现外，其余4科均有，共达300余种，分布范围很广。

白蚁生活习性独特，营巢居的群体生活，群体内有不同的品级分化和复杂的组织分工，各品级分工明确又紧密联系，相互依赖、相互制约。

白蚁是多形态昆虫，一般每个家族可分为两大类型：生殖型和非生殖型。生殖型又称繁殖蚁，分原始繁殖蚁和补充繁殖蚁两类。原始繁殖蚁是长白蚁翅型有翅成虫，每巢内每年出现许多长翅型的繁殖蚁，在一定时期，分群飞出巢外进行交配时，翅始脱落。在较低级的木白蚁和散白蚁巢中，往往有不离巢的有翅成虫，但体色淡，翅脱落时并不整齐，其中有性机能者称为拟成

虫。补充繁殖蚁有两类：短翅型和无翅型。此种现象在较高级的白蚁科昆虫的巢中比较少见。

非生殖型不能繁殖后代，形态也与生殖型不同，完全无翅。包括若蚁、工蚁、兵蚁三大类。若蚁指从白蚁卵孵出后至3龄分化为工蚁或兵蚁之前的所有幼蚁。有些种类缺少工蚁，由若蚁代行其职能。

气温是影响白蚁分布的主要因素，所以白蚁都分布在赤道两侧，越靠近赤道白蚁种类越多，密度越大，生活方式也越复杂。据测试，中国台湾乳白蚁（家白蚁）的最适气温为25~30℃，最低致死温度是−3℃，经7天后全部死亡；−1℃时，9天全部死亡；1℃时，14天死亡；4℃时，28天死亡；8℃时，34天90%以上死亡；而10℃时，经1.5个月80%仍正常生活，仅有少部分死亡或不正常，所以台湾乳白蚁具有较宽的温度适应能力。

群体发达的白蚁种类，需要专门的水分供应，以维持群体的水分和湿度需要。白蚁虫体含水量约79%，白蚁巢体含水量占30~37%，平均33%。白蚁群体有专门通往源的吸水线，通过吸水线来保证自身和巢体对水分的需求，这是毫无异议的事实。

白蚁是生活在半封闭的巢穴系统中的群体生物，在黑暗的巢穴系统中自成一体，有人戏称它为"黑暗中的居民"。这个巢穴系统要与外界发生联系，并通过各种方式来获得空气中的氧气，而把群体呼吸作用所产生的二氧化碳排出到巢外。白蚁巢穴系统的特点是二氧化碳含量特别高，比空气的二氧化碳含量高数十倍至上百倍。

白蚁长期在营巢内隐蔽生活，就多数个体而言是惧光的。然而，白蚁群体的白蚁扩散、发展，却离不开有光的环境，有翅成虫飞离群体时都有趋光习性。台湾乳白蚁、黑翅土白蚁常在傍晚分群，飞离群体的有翅成虫具很强的趋光性；黄翅大白蚁在凌晨月光明亮时进行。所有的有翅成虫都有发育完善的单眼和复眼，和其他许多昆虫一样，对光有强烈的正反应——趋光性。因此，白蚁有翅成虫飞离旧群体，建立新群体，光是不可缺少的重要条件。

非洲蛇王——黑曼巴蛇

中文名：黑曼巴蛇

英文名：Black Mamba

分布区域：非洲南部

　　黑曼巴蛇是非洲最大的毒蛇，栖息于开阔的灌木丛及草原等较干燥地带，以小型啮齿动物及鸟类为食，体型修长，成蛇一般均超过2米，最长记录可达4.5米，头部为长方形，体色为灰褐色，由背脊至腹部逐渐变浅。此蛇最独特的地方，便是它的口腔内部为黑色，当张大口时可以清楚地看到。其上颚前端在攻击时能向上翘起，使毒牙能刺穿接近平面的物体。黑曼巴蛇为前沟牙毒蛇，毒液为神经毒，毒性极强。

　　在非洲，黑曼巴蛇是最富传奇色彩及最令人畏惧的蛇类。它不仅有着庞大有力的躯体、致命的毒液，更可怕的是它的攻击性及惊人的速度。民间传说它在短距离内跑得比马还快，更有传说一条遭围捕的黑曼巴蛇，几分钟内竟杀死了13个围捕它的人！虽然这只是传说，暂且不论属实与否，但黑曼巴蛇的确是世界上速度最快及攻击性最强的蛇类。黑曼巴蛇在移动时一般抬起1/3的身体，当受威胁时，能高高竖起身体的2/3，并且张开黑色的大口发动攻击。身长3米的黑曼巴蛇攻击时能咬到人的脸部。未用抗毒血清的被咬伤者死亡率接近100%！然而，黑曼巴蛇咬人的事件并不常见，而且在蛇发出警告时避开或站立不动，就不会有危险。毕竟，攻击人只是在其受到打扰并且忍无可忍的情况下才会发生的。

　　黑曼巴蛇是非洲毒蛇中体型最长、速度最快、攻击性最强的杀手。它能以高达19千米的时速追逐猎物，而且只需两滴毒液就可以致人死亡。黑曼巴蛇每次可以射出100毫克毒液，可以毒死10个成年人还绰绰有余。在30年前，只要是被黑曼巴蛇咬过的人绝对死亡，而如今，被黑曼巴蛇咬过的人如果得不到及时治疗的话，结果将和30年前一样悲惨。